AF296498

COURS D'ÉTUDES

A L'USAGE DES PETITS SÉMINAIRES ET DES COLLÉGES

SOLUTIONS

DES

PROBLÈMES

ET DES

EXERCICES DE CALCUL

DU

COURS ÉLÉMENTAIRE D'ALGÈBRE

Par l'Abbé Ch. MENUGE

Professeur de sciences mathématiques et physiques au petit séminaire
de Saint-Gaultier.

PARIS

LOUIS GIRAUD, LIBRAIRE-ÉDITEUR

RUE DES SAINTS-PÈRES, 11

NIMES. — MÊME MAISON

1865

SOLUTIONS

DES

PROBLÈMES ET DES EXERCICES DE CALCUL

DU

COURS ÉLÉMENTAIRE D'ALGÈBRE

Tout exemplaire non revêtu de la griffe de l'Éditeur sera réputé contrefait.

Paris. — Imprimerie de P.-A. Bourdier et Cie, 6, rue des Poitevins.

COURS D'ÉTUDES
A L'USAGE DES PETITS SÉMINAIRES ET DES COLLÉGES

SOLUTIONS

DES

PROBLÈMES

ET DES

EXERCICES DE CALCUL

DU

COURS ÉLÉMENTAIRE D'ALGÈBRE

Par l'Abbé Ch. MENUGE

Professeur de sciences mathématiques et physiques au petit séminaire
de Saint-Gaultier.

PARIS
LOUIS GIRAUD, LIBRAIRE-ÉDITEUR
RUE DES SAINTS-PÈRES, 11
NIMES. — MÊME MAISON
1865

SOLUTIONS

DES

PROBLÈMES ET DES EXERCICES DE CALCUL

DU

COURS ÉLÉMENTAIRE D'ALGÈBRE

CHAPITRE I

Interprétation des signes et des formules.

1. 9; 1; 5; 10; 18; 5.

2. 80; 20; 100; 400; 120; 2400.

3. 100; 12; 600; 15; 120; 4800.

4. 10; 15; $53\frac{1}{3}$; 50; $7\frac{1}{2}$; 88.

5. 2; 4; 10; 10; $\frac{12}{10}$ ou $1\frac{1}{5}$; 1.

6. 7; $\frac{7}{11}$; $\frac{0}{3}=0$; $\frac{12}{1}=12$; $\frac{4}{2}=2$; $\frac{4}{4}=1$.

7. $\frac{6}{2}=3$; $\frac{7}{5}=1\frac{2}{5}$; $\frac{46}{8}=5\frac{3}{4}$; $\frac{2}{3}$; $\frac{1}{6}$; 6.

8. $\frac{3}{8}$; $1\frac{1}{2}$; $\frac{6}{12}=\frac{1}{2}$; $\frac{24}{6}=4$; $\frac{12}{20}=\frac{3}{5}$; $\frac{12}{6}=2$.

9. 36; 64; 100; 80; 400; 320.

10. 232; 1292; 1920; 108; 288; 4800.

11. 1296; 216; 36; 16; 32; 64.

12. 6; 2; 4 à 1 unité près (plus exactement 4,16); 131,5 (valeur approchée); 6; 6,6 (valeur approchée).

13. 7; 19; 8; 11,7 (valeur appr.); 46; 2,48 (valeur appr.).

14. 24; 60; 8; 72; 12; 36.

15. $\dfrac{2}{6} = \dfrac{1}{3}$; $\dfrac{2}{6} = \dfrac{1}{3}$; $\dfrac{8}{9}$; $\dfrac{8}{9}$; $\dfrac{8}{81}$; $\dfrac{64}{9} = 7\dfrac{1}{9}$.

16. 21; 21; 9; 11; 12; 6.

17. 63; 54; 1450; 372; 120; $0 \times 4 = 0$.

18. 54270; 5427; 64; 24; 136; 255.

19. 10; 3; 8; 65; 3; 7.

20. 576; 5760; 5760; 57600; 1000; 16.

20 *bis.* 640; 640; 144.

21. $\dfrac{16}{100} = \dfrac{4}{25}$; $\dfrac{64}{512} = \dfrac{1}{8}$; $\dfrac{196}{64} = 3\dfrac{1}{16}$; 6; 9; 76 (plus exactement 76,4).

22. 60; 100; 80.

23. 35; 245; 5145; 1568; 12005; 1225.

24. 44; 3; 62; 67; 4064; 3579.

25. 46; 27; 96; 768; 1152; 9800.

26. 2; 60; 88; 10240; 142; 16000.

27. 2; 15; 20; $\dfrac{1}{4}$; 6,4; 9.

28. 675 fr.; 5700 fr.; $4\dfrac{1}{2}$; 3 ans; 22500 fr.; 26625 fr.;

$4\dfrac{1}{2}$; 3 ans $\dfrac{1}{2}$.

29. 11248 fr. 64; 127628 fr. 16; 54601 fr. 25.

30. $44^{m},14$; $10^{s},57$; $103^{m},68$; $28^{s},56$; $20^{s},39$.

31. $4^{s},01$; $993^{mm},8$; $5^{s},015$; $20^{m},125$; $31^{s},72$; $63^{m},605$.

32. 1° 1700, 2000, 2900, 3400. 2° 2400, 3500, 4100, 5000.

CHAPITRE II

Opérations fondamentales.

1. Réduction des termes semblables.

1. $5x^2$; $8x$.

2. $7a$; $8x^2$.

3. $16x^2$; $3x^2$.

4. $18a$; $18a$.

5. $-2a$; $-3a$.

6. $-12,5x$; $-3,5x^2$.

7. $-24,61x^2$; $-8,12x$.

8. $5x+3$; $-5x-3$.

9. $14x^2+23$; $-14x^2-23$.

10. x^2+x-20; $3x+x^2$.

11. $-5x^2+a-b$; $-ab+bc$.

12. $12ab-4a^2b$; $5ab^3-a^3b$.

13. $2cx^2$; $8\frac{1}{4}dx^2+17$.

II. Addition.

14. $a+b-c$; $3x+2a-3$; $x+b+a-7$.

15. $2a+b-c$; $b+c$; $9a-b$.

16. $2,5ax+19$; $7x^2+11ac$.

17. $4x+\frac{1}{2}ab-\frac{1}{4}$; $6\frac{1}{2}x-2ac-\frac{1}{2}$.

III. Soustraction.

18. $a-b+c$; $3x-2a+3$; $x+b-a+7$.

19. $b+c$; $2a+b-c$; $-3a+7b$.

20. $15a - 6b - 8;\quad a + b + c;\quad 3x + 10a - 20b.$

21. $ax^2;\quad ax^2 - 2x;\quad 13,5ab.$

22. $5,5ax - 9;\quad 3x^2 + 13ac - 2b^2.$

23. $-2x + \frac{1}{2}ab + \frac{1}{4};\quad 5\frac{1}{2}x + \frac{1}{2}.$

IV. Multiplication.

1° Multiplication des monômes.

24. $6a^5b;\quad 2a^4x^2;\quad 12a^2x^2;\quad 15a^2b^2c.$

25. $8x^2;\quad 7,5x^2;\quad 5,12a^2dx;\quad 10ax.$

26. $12x;\quad 6x^2;\quad 10a;\quad x^2;\quad ax^2.$

27. $4x;\quad \frac{1}{4}x^2;\quad 2\frac{3}{4}x$ ou $\frac{11}{4}x;\quad \frac{1}{3}ax.$

28. $12ax^3;\quad 30a^2x;\quad 30a^2x.$

2° Multiplication des polynômes.

29. $ac + bc - ad - bd;\quad ax - cx - 4a + 4c;\quad xy + by - dx - bd.$

30. $10x^2 - 20;\quad 2a^2 + 2ab;\quad 0,5ax^3 - 0,5a;\quad -ad + dx.$

31. $6a^2 + ab - 2b^2;\quad 20x^2 - 33x + 10;\quad 2x^3 - 4x^2 + 2x.$

32. $6x^2 - 5xy + y^2;\quad x^2 + 2x + 1;\quad y^4 - 4x^2.$

33. $3a - 42;\quad 2x + 12;\quad \frac{2}{3}x - 4;\quad \frac{8}{35}x - \frac{4}{7}y\,{}^{*}.$

34. $3a^4b + 4a^3b - 15a^2b;\quad 32a^4x^3 - 12a^3x^2 - 16ax^5 + 6x^4.$

35. $a^2c - abc - a^2d + abd;\quad a^2x - b^2x;\quad a^3 - ab^2 + a^2b - b^3.$

3° Décomposition d'une expression algébrique en plusieurs facteurs.

36. $(a - b)x;\quad (ab - 6)x;\quad (a - c - 1)x;\quad (a^2 - 3a)x.$

37. $(b - 3)a;\quad (-c + d)a;\quad (2d - c - 1)a;\quad (1 - d)a.$

---

* Ce dernier résultat suppose le multiplicateur positif. Dans la première rédaction du *Cours*, le chapitre II comprenait le calcul des quantités négatives; de là le multiplicateur négatif que nous avons oublié ensuite de remplacer.

38. $(b+7)x^2$; $(ab-d-3)x^2$; $(-a+1)x^2$; $(a^2-ac^2)x^2$.

39. $(ab^2-4c)\,b$; $(ab^2-d)\,a$; $(ad-b)\,c^2$.
  $(3b^2-1)\,ab$; $(a-b)\,b^2c$; $3ab^2(4b^2-3b-2)$.

V. Division.

40. $2a$; $7a^3$; $2a$; $5a^2$.

41. $4a^2$; $30x$; $5,1x^2$; 1.

42. $\dfrac{4}{5}\,a$; $\dfrac{2}{3}\,b$; $\dfrac{2}{15}\,ax$; $\dfrac{8}{9}\,ax$.

43. $9x-4$; $2ax-cx-3$; $3a^2-a^3$; $4a-1$.

44. $x-\dfrac{2}{3}\,a$; $3ax-2a-\dfrac{3}{2}\,a^2x$.

VI. Fractions.

45. $\dfrac{b}{c}$; $\dfrac{b^2}{c}$; $\dfrac{3c}{d}$; $\dfrac{1}{c}$.

46. $\dfrac{2b}{3a^2c}$; $\dfrac{1}{4x}$; $\dfrac{1}{12}$; $\dfrac{2b}{5a}$.

47. $\dfrac{9a-a^2}{b^2}$; $\dfrac{8a-7}{d}$; $\dfrac{b-c}{ac-a}$; $\dfrac{b-1}{a-c}$.

48. $\dfrac{dx+c}{d}$; $\dfrac{3x+4a}{4}$; $\dfrac{3ab-a}{b}$; $\dfrac{dx-c}{b}$.

49. $a+\dfrac{d}{c}$; x^2-b; $ab-\dfrac{c}{b}$; $a-b+d$.

50. $\dfrac{a+b}{c}$; $\dfrac{a^3c+ab^2d}{b^2c}$; $\dfrac{acd+bd^3+acd^2}{ad^3}$.

51. $\dfrac{a-b}{c}$; $\dfrac{a^3c-ab^2d}{b^2c}$; $\dfrac{a^2d-acd}{cd^2}$.

52. $\dfrac{ac}{d}$; $\dfrac{4bc}{ad}$; $\dfrac{abc}{d^2}$; $\dfrac{9a}{5}$.

53. $\dfrac{3x}{4d}$; $\dfrac{bc}{16a}$; $\dfrac{ax}{bc}$; $\dfrac{26ax}{12b}$.

54. $\dfrac{35x^2 + 16x - 3}{35}$ ou $x^2 + \dfrac{3x}{5} - \dfrac{x}{7} - \dfrac{3}{35}$; $\dfrac{x+8}{8}$

ou $\dfrac{x}{8} + 1$; $\dfrac{7xy - 3y^2 - 2x^2}{6}$ ou $xy - \dfrac{y^2}{2} - \dfrac{x^2}{3} + \dfrac{xy}{6}$.

55. $\dfrac{19\,ad + 19\,bc}{5\,bd}$ ou $\dfrac{19\,a}{5\,b} + \dfrac{19\,c}{5\,d}$; $5x - \dfrac{15}{4}$;

$3\,ax - \dfrac{acd}{a} = 3\,ax - cd$.

56. $\dfrac{c}{ad}$; $\dfrac{3\,c}{d}$; $\dfrac{ab}{c\,d^2}$; $\dfrac{4\,a}{15\,b}$.

57. $\dfrac{dx}{c}$; $\dfrac{4x}{3\,d}$; $\dfrac{3\,ac}{2\,bx}$; $\dfrac{8\,abcd}{3\,a} = \dfrac{8\,bcd}{3}$.

58. $\dfrac{16x + 6\,a}{20}$; $\dfrac{ac}{d + c^2}$; $\dfrac{4\,dx + 4\,c}{4\,ad - 3\,cd}$.

59. $\dfrac{ad^2}{a - b}$; $\dfrac{a - b}{ad^2}$ ou $\dfrac{a}{ad^2} - \dfrac{b}{ad^2}$; $\dfrac{3y - 6x}{2x}$

ou $\dfrac{3y}{2x} - \dfrac{3x}{x} = \dfrac{3y}{2x} - 3$.

CHAPITRE III

Transformations des équations en général.

1. $3x + 7 = 13$; $4x - 9 = 2x - 1$.

2. $3x - 13 = (x-5)2 + 10$; $(6x - 4) - 35 = (x-2)\,3$.

3. $\dfrac{x+4}{5} = \dfrac{x+2}{9} + \dfrac{x}{8}$; $\dfrac{x-9}{3} = (x-4)\,2 - 35$.

4. $15x - 150 = 5x$; $24x = 14x + 210$.

5. $18x + 9x + 6x = 30x + 180$; $6x + 3x + 2x = 396$.

6. $20x = 375 - 5x$; $70x - 5x = 36x + 1740$.

7. $6x - 3x = 4x - 102$; $5x + 52 = 6x - 32$.

8. $6{,}2x - 0{,}5x = 5x + 28$; $0{,}375x + 9x - 54 = 2{,}25x + 3$.

9. $12x + 8x + 6x - 312 = 0$; $100x + 160x - 960 - 200x = 0$.

10. $12x + 108 = 8x + 132$; $5x - 30 = 3x - 3 + 15$.

11. $4x + (6x + 12) = 72$; $2x + 36 - (3x - 3) = 30$.

12. $28x + 140 = 80x - 640$; $72x - 1008 = 36x - 360$.

13. $bx - ax = abc$; $acx - bc^2 = bx$.

14. $a^2x - a^2b = cdx - c^2d$; $bx - (x - a) = bc$.

15. $bx + cx = a^2 + ab$; $ac + bc = cx - ac + dx - ad$.

16. $x + 3x - x - x = 12 - 2$; $x + 2x = 141 - 4 + 4 - 60$.

17. $10x + x + x = 104 + 100$; $4x - x - x = 25 - 7$.

18. $3x + 2 = x + 12$; $60 + x = 141 - 2x$.

19. Dans les deux équations de l'exercice 17, il n'y a point
de termes qui se détruisent; c'est à dessein toutefois
que la question a été posée aux élèves.

———

CHAPITRE IV

Résolution des équations du premier degré à une inconnue.

1. $x = 2$; $x = 4$.

2. $x = 5$; $x = 27$.

3. $x = 17$; $x = 9$.

4. $x = 5$; $x = 3$.

5. $x = 3$; $x = 1$.

6. $x = 7$; $x = 10$.

7. $x = 13$; $x = 11$.

8. $x = 12$; $x = 15$.

9. $x = \dfrac{b + c}{a}$; $x = \dfrac{bc - 3b}{5a}$.

10. $x = \dfrac{a - b}{3}$; $x = \dfrac{3ab - 2b}{7}$.

11. $x = \dfrac{d - ab}{ab}$; $x = \dfrac{3a - bc + d}{4bcd}$.

12. $x = \dfrac{ac - a + b}{a}$; $x = a - abc + d$.

13. $x = \dfrac{abc + ab - ac - b}{4ab}$; $x = \dfrac{ab - abd - bc + c}{ab}$.

14. $x = 15$; $x = 21$.

15. $x = 60$; $x = 36$.

16. $x = 15$; $x = 60$.

17. $x = 18$; $x = 14$.

18. $x = 22$; $x = 36$.

19. $x = 35$; $x = 50$.

20. $x = 285$; $x = 96$.

21. $x = 32$; $x = 46$.

22. $x = 93$; $x = 100$.

23. $x = 48$; $x = 300$.

24. $x = 102$; $x = 84$.

25. $x = 52$; $x = 72$.

26. $x = 102$; $x = 84$.

27. $x = 40$; $x = 8$.

28. $x = 34$; $x = 27$.

29. $x = 12$; $x = 200$.

30. $x = \dfrac{abc}{b-a}$; $x = \dfrac{bc^2}{ac-b}$.

31. $x = \dfrac{abc}{a+b}$; $x = \dfrac{bcd-c^2d}{4ad-bc}$.

32. $x = \dfrac{c}{b-d}$; $x = \dfrac{b+c}{a+c}$.

33. $x = \dfrac{ad-c}{bd+ad}$; $x = \dfrac{2a}{2a-c}$.

34. $x = \dfrac{5bcd-2ad}{3a-2bd}$; $x = \dfrac{0,3bc-ac}{ac+b}$.

35. $x = 12$; $x = 16$.

36. $x = 8$; $x = 12$.

37. $x = 16$; $x = 24$.

38. $x = 6$; $x = 21$.

39. $x = 20$; $x = 40$.

40. $x = 15$; $x = 18$.

41. $x = 8$; $x = 12$.

42. $x = 8$; $x = 10$.

43*. $x = 6$; $x = 2$.

44. $x = 36$; $x = 60$.

45*. $x = 6$; $x = 4$.

46*. $x = 19$; $x = 20$.

47*. $x = 25$; $x = 20$.

48. $x = 6$; $x = 9$.

49. $x = 5$; $x = 8$.

* La première équation de l'exercice 43, la deuxième de l'exercice 45, et celles des exercices 46 et 47, ne devront être proposées aux élèves que lorsqu'ils auront étudié les notions sur les quantités négatives, au chap. VII. Voir la note de la page 4.

50. $x = 34; \quad x = 44.$

51. $x = 86; \quad x = 80.$

52. $a = \dfrac{bd + d}{c} = \dfrac{b(d+1)}{c}; \quad a = \dfrac{b-c}{b}.$

53. $a = \dfrac{bcd^2}{d-b}; \quad a = \dfrac{cd}{bc^2 - b}.$

54. $a = \dfrac{bd - bc}{bd - 1}; \quad a = \dfrac{bcd}{3c - 2b}.$

55. $a = \dfrac{bc - bd^2}{d}; \quad a = \dfrac{c^2 d^2}{bd - 3bc}.$

56. $b = \dfrac{ac - d}{d}; \quad b = \dfrac{c}{1 - a}.$

57. $b = \dfrac{ad}{a + cd^2}; \quad b = \dfrac{cd}{ac^2 - a}.$

58. $b = \dfrac{a}{ad + c - d}; \quad b = \dfrac{3ac}{2a + cd}.$

59. $b = \dfrac{ad}{c - d^2}; \quad b = \dfrac{c^2 d^2}{ad - 3ac}.$

60. $x = \dfrac{a^2 b - c^2 d}{a^2 - cd}; \quad x = \dfrac{bc - a}{b - 1}.$

61. $x = \dfrac{a^2 + ab}{b + c}; \quad x = \dfrac{2ac + bc + ad}{c + d}.$

62. $x = \dfrac{15a^2 bd}{45a^2 d + 2a - 3d};$

$$x = \dfrac{12a^2 b^2 + 14ab^2 - 3a}{6ab^2} = \dfrac{12ab^2 + 14b^2 - 3}{6b^2}.$$

63. $a = \dfrac{cd}{bd + cd^3 - cd} = \dfrac{c}{b + cd^2 - c}; \quad a = \dfrac{c^2 d^2 - 3bc^2}{bd - 3c^2}.$

64. $a = \dfrac{c^2}{bc^2 - 3bc - c^2} = \dfrac{c}{bc - 3b - c}; \quad a = \dfrac{15bc + 4bd}{15b - 20d}.$

65. $b = \dfrac{ac^2 + c^2}{ac^2 - 3ac} = \dfrac{ac + c}{ac - 3a}; \quad b = \dfrac{20ad}{15a - 15c - 4d}.$

66. $x = 51; \quad x = 27.$

67. $x = 76; \quad x = 78.$

68. $x = 72$; $x = 36$.

69. $x = 28$; $x = 38$.

70. $x = 16$; $x = 20$.

71. $x = 8$; $x = 10$.

72. $x = 10$; $x = 20$.

73. $x = 12$; $x = 18$.

74. $x = 24$; $x = 140$.

75. $x = 20$; $x = 30$.

76. $x = \dfrac{a d^2}{ad + bd - bc}$; $x = \dfrac{ac^2 - abcd}{c^2 - bd}$.

77. $x = \dfrac{a^2 d^2}{acd + cd - ad^2} = \dfrac{a^2 d}{ac + c - ad}$; $x = \dfrac{ab^2 d - b^3 d}{ad + bc}$.

78. $x = \dfrac{2 a^2 b^2 - 3 bc}{3 a}$; $x = \dfrac{b^2 c - 2 ad}{2 bd - abc}$.

CHAPITRE V

Problèmes du premier degré à une inconnue.

1. Équation : $x + 10 = 25$.
Réponse : $x = 15$.

2. Éq. : $x - 5 = 24$.
Rép. : $x = 29$.

3. Éq. : $7x = 56$.
Rép. : $x = 8$.

4. Éq. : $3x = 36$.
Rép. : $x = 12$.

5. Éq. : $2x + 5 = 35$.
Rép. : $x = 15$.

6. Éq. : $3x - 6 = 57$.
Rép. : $x = 21$.

7. Éq. : $\dfrac{x}{4} = 25$.
Rép. : $x = 100$.

8. Éq. : $\dfrac{x}{3} = 27$.
Rép. : $x = 81$.

9. Éq. : $\dfrac{x}{5} + 5 = 20$.
Rép. : $x = 75$.

10. Éq. : $\dfrac{x}{2} - 20 = 5$.
Rép. : $x = 50$.

11. Éq. : $\dfrac{3x}{2} - 5 = 16$.
Rép. : $x = 14$.

12. ÉQ. : $\dfrac{ax}{b} - c = d.$

RÉP. : $x = \dfrac{bc + bd}{a}.$

Application : $x = \dfrac{2 \cdot 5 + 2 \cdot 16}{3} = 14.$

13. ÉQ. : $\dfrac{4x}{3} - \dfrac{x}{6} = 35.$

RÉP. : $x = 30.$

14. ÉQ. : $\dfrac{ax}{b} - \dfrac{x}{c} = d.$

RÉP. : $x = \dfrac{bcd}{ac - b}.$

Application : $x = \dfrac{3 \cdot 6 \cdot 35}{4 \cdot 6 - 3} = 30.$

15. ÉQ. : $\dfrac{x}{2} + \dfrac{x}{3} + 5 = 80.$

RÉP. : $x = 90.$

16. ÉQ. : $\dfrac{x}{2} + \dfrac{x}{3} + \dfrac{x}{4} - 4 = x.$

RÉP. : $x = 48.$

17. ÉQ. : $\dfrac{x}{3} + \dfrac{x}{6} - \dfrac{x}{4} + 9 = x.$

RÉP. : $x = 12.$

18. ÉQ. : $\dfrac{x}{2} + \dfrac{x}{4} + \dfrac{x}{8} + 10 = x.$

RÉP. : $x = 80.$

19. ÉQ. : $\dfrac{x}{6} + \dfrac{x}{12} + \dfrac{x}{7} + 5 + \dfrac{x}{2} + 4 = x.$

RÉP. : $x = 84.$

20. ÉQ. : $\dfrac{x}{4} + \dfrac{3x}{7} + 18000 = x.$

RÉP. : $x = 56000.$

21. Éq. : $\dfrac{ax}{b} + \dfrac{cx}{d} + c = x.$

$$\text{Rép.} : x = \frac{bde}{bd - ad - bc}.$$

$$\textit{Application} : x = \frac{4 \cdot 7 \cdot 18000}{4 \cdot 7 - 1 \cdot 7 - 4 \cdot 3} = 56000.$$

22. Éq. : $\dfrac{x}{3} + (x + 10) = 30.$

$$\text{Rép.} : x = 15.$$

23. Éq. : $3x - (x + 15) = 65.$

$$\text{Rép.} : x = 40.$$

24. Éq. : $bx - (x + a) = c.$

$$\text{Rép.} : x = \frac{a + c}{b - 1}.$$

$$\textit{Application} : x = \frac{15 + 65}{3 - 1} = 40.$$

25. Éq. : $10x - (2x - 20) = 420.$

$$\text{Rép.} : x = 50.$$

26. Éq. : $x + \left(\dfrac{x}{4} + \dfrac{x}{5} \right) = 58.$

$$\text{Rép.} : x = 40.$$

27. Éq. : $x - \left(\dfrac{x}{4} + \dfrac{x}{5} \right) = 33.$

$$\text{Rép.} : x = 60.$$

28. Éq. : $x - \left(\dfrac{x}{3} - \dfrac{x}{4} \right) = 275.$

$$\text{Rép.} : x = 300.$$

29. Éq. : $\dfrac{x}{6} + \dfrac{x}{4} + 245 = x.$

$$\text{Rép.} : x = 420.$$

30. Éq.: $\dfrac{e\,x}{f} + \dfrac{g\,x}{h} + a = x.$

Rép.: $x = \dfrac{afh}{fh - eh - fg}.$

31. $x = \dfrac{700 \cdot 5 \cdot 4}{5 \cdot 4 - 2 \cdot 4 - 5 \cdot 1} = 2000.$

32. x le contenu de la bourse avant le payement de la dette de la marchande.

Éq.: $\dfrac{x}{4} + \dfrac{x}{3} + \dfrac{x}{6} + 9 = x.$

Rép.: $x = 36.$ Le contenu actuel de la bourse est de $36 - 9$ ou de 27 fr.

33. Éq.: $\dfrac{x}{6} + \dfrac{x}{3} + \dfrac{x}{5} + \dfrac{2x}{7} - \dfrac{x}{10} + 12 = x.$

Rép.: $x = 105.$

34. Éq.: $x - \dfrac{x}{4} - \dfrac{x}{3} + \dfrac{x}{2} = 27,50.$

Rép.: $x = 30.$

35. x le contenu de la seconde bourse.

Éq.: $x + (x + 20) = 150.$

Rép. $x = 35.$ La première bourse contient $65 + 20$ ou 85 fr.

36. x la plus petite part.

Éq.: $x + (x + 30) = 100.$

Rép.: $x = 35.$ La plus grande part est de $35 + 30$ ou de 65 fr.

37. x la plus petite part.

Éq.: $x + (x + b) = a.$

Rép.: $x = \dfrac{a - b}{2}.$ La plus grande part sera $x + b.$

38. x la plus petite part.

Rép.: $x = \dfrac{80 - 15}{2} = 32{,}50$. L'autre part sera $32{,}50 + 15$ ou $47{,}50$.

39. x la plus petite part.

Éq.: $x + 6x = 280$.

Rép.: $x = 40$. La plus grande part sera 40×6 ou 240 fr.

40. x la part de la seconde personne.

Éq.: $x + mx = a$.

Rép.: $x = \dfrac{a}{m+1}$. La part de la première personne sera mx.

41. x la plus petite part.

Rép.: $x = \dfrac{500}{3+1} = 125$. L'autre part sera $125 \times 3 = 375$.

42. x le nombre des cavaliers.

Éq.: $x + 4x = 10000$.

Rép.: $x = 2000$. Le nombre des fantassins est de $2000 \times 4 = 8000$.

43. x la plus petite part.

Éq.: $x + 5x = 360$, ou $\dfrac{x}{1} = \dfrac{360 - x}{5}$.

Rép.: $x = 60$. L'autre part sera $60 \times 5 = 300$, ou bien $360 - 60 = 300$.

44. x la troisième part.

Éq.: $x + (x + 50) + (x + 50 + 100) = 1100$.

Rép.: $x = 300$. La deuxième part sera $300 + 50 = 350$; la première, $350 + 100 = 450$.

45. x la part de la troisième personne.

Éq.: $x + (x+c) + (x+c+b) = a$.

Rép.: $x = \dfrac{a-b-2c}{3}$. La part de la seconde personne sera $x+c$; la part de la première $x+c+b$.

46. x la troisième part.

Éq.: $x + 4x + 2.4x = 6500$.

Rép.: $x = 500$. La seconde part égale 500×4 ou 2000; la première 2000×2 ou 4000.

47. x la troisième part.

Éq.: $x + nx + mnx = a$.

Rép.: $x = \dfrac{a}{mn+n+1}$. La seconde part égale nx; la première mnx.

Application : $x = \dfrac{6500}{2.4+4+1} = 500$.

48. x l'âge de la troisième personne.

Éq.: $x + 3x + 2.3x = 120$.

Rép.: $x = 12$. L'âge de la seconde personne est 36 ans; l'âge de la première 72.

49. Éq.: $2x - (60-x)\,0{,}50 = 0$ ou $2x = (60-x)\,0{,}50$.

Rép.: $x = 12$.

50. Éq.: $10x + (50-x)\,25 = 560$.

Rép.: $x = 46$.

51. Éq.: $6x + 4x + 2x = 120$.

Rép.: $x = 10$.

52. Éq.: $ax + bx + cx = m$.

Rép.: $x = \dfrac{m}{a+b+c}$.

$$\text{Application : } x = \frac{120}{6+4+2} = 10.$$

53. Éq. : $x + \dfrac{20}{100}\,x = 960.$

Rép. : $x = 800.$

54. Éq. : $\dfrac{25}{100}\,(x+200) = 200.$

Rép. : $x = 600.$

55. Éq. : $\dfrac{100\,x}{5.3} + x = 51750.$

Rép. : $x = 6750.$

56. 1° Éq. : $i + \dfrac{100\,i}{t\,n} = A.$

Rép. : $i = \dfrac{t n\, A}{t n + 100}.$

2° Éq. : $c + \dfrac{c\,t\,n}{100} = A.$

Rép. : $c = \dfrac{100\,A}{t n + 100}.$

57. 1° $i = \dfrac{28000\,.\,4\,.\,3}{100+4\,.\,3} = 3000.$

2° $c = \dfrac{69000\,.\,100}{100+3\,.\,5} = 60\,000.$

58. Éq. : $150 \times 0{,}40 + 0{,}28\,x = (150+x)\,0{,}35.$
Rép. : $x = 107{,}14$ (valeur approchée).

59. Éq. : $240 \times 0{,}50 + (600-240)\,x = 600 \times 0{,}41.$
Rép. : $x = 0{,}35.$

60. Éq. : $\dfrac{10 \times 0{,}800 + 0{,}920\,x}{10+x} = 0{,}870.$

ou bien $10 \times 0{,}800 + 0{,}920\,x = (10+x)\,0{,}870.$

Rép. : $x = 14.$

61. Éq. : $at + t'' x = (a + x) t'$.

$$\text{Rép.} : \quad x = \frac{at' - at}{t'' - t'} = \frac{a (t' - t)}{t'' - t'}.$$

62.
$$x = \frac{25 (0,830 - 0,750)}{0,890 - 0,830} = 33,333.$$

63. Éq. : $\dfrac{1}{36 + x} \cdot 36 = 0,075,$ ou bien $\dfrac{36 + x}{36} = \dfrac{1}{0,075}.$

$$\text{Rép.} : \quad x = 444^{\,k}.$$

64. Éq. : $\dfrac{1}{6} x + \dfrac{1}{8} x + \dfrac{1}{12} x = 1.$

$$\text{Rép.} : \quad x = 2^h \frac{2}{3} = 2^h 40 \text{ minutes.}$$

65. Éq. : $\dfrac{1}{a} x + \dfrac{1}{b} x + \dfrac{1}{c} x = 1.$

$$\text{Rép.} : \quad x = \frac{abc}{ab + ac + bc}.$$

66.
$$x = \frac{5 \cdot 7 \cdot 8}{5 \cdot 7 + 5 \cdot 8 + 7 \cdot 8} = 2^h \frac{18}{131} \text{ ou environ } 2^h 8\,m.$$

67. Éq. : $\dfrac{1}{15} x + \dfrac{1}{20} x + \dfrac{1}{18} x + \dfrac{1}{25} x = 1.$

$$\text{Rép.} : \quad x = 4^j \frac{136}{191} = 4^j,7 \text{ (valeur approchée).}$$

68. Éq. : $8 (x - 10) - 6x = \dfrac{8 (x - 10)}{16}.$

$$\text{Rép.} : \quad x = 50.$$

69. Éq. : $\dfrac{x + 800}{8} + \dfrac{9x}{10} + 600 = x + 800,$

ou bien $\left((x + 800) - \dfrac{x + 800}{8} \right) - \left(x - \dfrac{x}{10} \right) = 600,$

ou encore $\dfrac{7 (x + 800)}{8} - \dfrac{9x}{10} = 600.$

$$\text{Rép.} : \quad x = 4000.$$

70. Éq.: $x \times 150 = (x-3)\,220$,   ou $\dfrac{x}{x-3} = \dfrac{220}{150}$.

Rép.: $x = 9\,\dfrac{3}{7}$.

71. Éq.: $t \times v = (t-a)\,v'$,   ou $\dfrac{t}{t-a} = \dfrac{v'}{v}$.

Rép.: $t = \dfrac{v'a}{v'-v}$.

Application : $x = \dfrac{220 \cdot 3}{220 - 150} = 9\,\dfrac{3}{7}$.

72. Éq.: $\dfrac{x}{x+100} = \dfrac{13}{23}$,   ou $\dfrac{x}{13} = \dfrac{x+100}{23}$.

Rép.: $x = 130$.

73. Éq.: $\dfrac{c}{c+a} = \dfrac{v}{v'}$,   ou $\dfrac{c}{v} = \dfrac{c+a}{v'}$.

Rép.: $c = \dfrac{va}{v'-v}$.

74. x la distance du point de rencontre à midi, exprimée en soixantièmes du cadran.

Éq.: $\dfrac{x}{60+x} = \dfrac{1}{12}$,   ou $12x = 60 + x$.

D'où $x = 5\,\dfrac{5}{11}$.

Rép.: La rencontre aura lieu à $1^{\mathrm{h}}\,5^{\mathrm{m}}\,\dfrac{5}{11}$.

75. Éq.: $\dfrac{x-40}{x} = \dfrac{10}{8} \cdot \dfrac{2}{3}$,

ou $\dfrac{2}{3}\,x \times \dfrac{10}{8} = x - 40$,

ou encore $\dfrac{x-40}{\frac{2}{3}\,x} = \dfrac{10}{8}$.

Rép.: $x = 240$.

76. Éq. : $\left[\left((3x-5)\,2+4\right)3-58\right]2-58 = x,$

ou plus simplement $36x - 210 = x.$

Rép. : $x = 6.$

77. x ce qu'avait le joueur en commençant son jeu.

1re perte du joueur : $\dfrac{x}{2}+5,$ 1er reste : $x-\left(\dfrac{x}{2}+5\right)=\dfrac{x}{2}-5,$

2e perte : $\quad \dfrac{x}{4}-\dfrac{5}{2}-3 = \dfrac{x}{4}-\dfrac{11}{2},$

2e reste : $\dfrac{x}{2}-5-\left(\dfrac{x}{4}-\dfrac{11}{2}\right)=\dfrac{x}{4}+\dfrac{1}{2}.$

Éq. : $\quad \dfrac{x}{4}+\dfrac{1}{2} = 10,50.$

L'équation, sans les calculs effectués d'avance, serait :

$$x-\left(\dfrac{x}{2}+5\right)-\left(\dfrac{x-\left(\dfrac{x}{2}+5\right)}{2}-3\right)=10,50.$$

Rép. : $x = 40.$

78. x ce que le joueur avait.

Pertes du joueur :	Ce qui lui reste :
1re perte : $\dfrac{x}{2}-10,$	1er reste : $\dfrac{x}{2}+10,$
2e perte : $\dfrac{x}{4}-5,$	2e reste : $\dfrac{x}{4}+15,$
3e perte : $\dfrac{x}{8}+17\dfrac{1}{2},$	3e reste : $\dfrac{x}{8}-2\dfrac{1}{2}.$

Éq. : $\dfrac{x}{8}-2\dfrac{1}{2} = \dfrac{x}{10}.$

Rép. : $x = 100.$

79. x la troisième partie.

Données : $a = 36450,\quad m = 5,\quad n = 4,\quad r = 3,\quad s = 2.$

Rép. : $x = \dfrac{36450 \cdot 4 \cdot 2}{5 \cdot 3 + 4 \cdot 3 + 4 \cdot 2} = 8331,43$. La

deuxième partie sera $8331,43 \times \dfrac{3}{2}$ ou $12497,14$; la pre-

mière partie égalera $12497,14 \times \dfrac{5}{4}$ ou $15621,42$.

80. x la quatrième partie.

Éq. : $x + \dfrac{p}{q} x + \dfrac{r}{s} \cdot \dfrac{p}{q} x + \dfrac{m}{n} \cdot \dfrac{r}{s} \cdot \dfrac{p}{q} x = a.$

Rép. : $x = \dfrac{ansq}{mrp + nrp + nsp + nsq}$. On aura la

troisième partie en multipliant la quatrième par $\dfrac{p}{q}$; on

aura la deuxième partie en multipliant la troisième par

$\dfrac{r}{s}$; on aura enfin la première en multipliant la deuxième

par $\dfrac{m}{n}$.

CHAPITRE VI

Équations et problèmes à plusieurs inconnues.

1. — ÉQUATIONS A DEUX INCONNUES.

1. $x = 4$, $y = 8$.

2. $x = 15$, $y = 30$.

3. $x = 40$, $y = 30$.

4. $x = 60$, $y = 45$.

5. $x = 26$, $y = 32$.

6. $x = \dfrac{b-a+c}{2}$, $y = \dfrac{a-b+c}{2}$.

7. $x = \dfrac{bd+c}{a+b}$, $y = \dfrac{c-ad}{a+b}$.

8. $x = \dfrac{ab+abd}{b+1}$, $y = \dfrac{ad-ab}{b+1}$.

9. $x = \dfrac{bc-ab^2}{b^3-b} = \dfrac{c-ab}{b^2-1}$, $y = \dfrac{bc-a}{b^2-1}$.

10. $x = 17$, $y = 11$.

11. $x = 20$, $y = 25$.

12. $x = 40$, $y = 10$.

13. $x = 28$, $y = 36$.

14. $x = 9$, $y = 10$.

15. $x = 34$, $y = 29$.

16. $x = 15$, $y = 24$.

17. $x = \dfrac{a-b+c}{2}$, $y = \dfrac{b-a+c}{2}$.

18. $x = \dfrac{b-ac}{a+1}$, $y = \dfrac{b+c}{a+1}$.

19. $x = \dfrac{bd - ac}{ac + d}, \; y = \dfrac{bc + c}{ac + d}.$

20. $x = \dfrac{ac + de}{bd - c}, \; y = \dfrac{abd + dc}{bd - c}.$

21. $x = \dfrac{bf - ce}{bd - e}, \; y = \dfrac{f - cd}{bd - e}.$

22. $x = 44, \; y = 24.$

23. $x = 14, \; y = 27.$

24. $x = 22, \; y = 35.$

25. $x = 15, \; y = 38.$

26. $x = 8, \; y = 70.$

27. $x = 16, \; y = 9.$

28. $x = 28, \; y = 30.$

29. $x = 14, \; y = 36.$

30. $x = 24, \; y = 8.$

31. $x = 10, \; y = 6.$

32. $x = \dfrac{bc^2 + d}{abc + b}, \; y = \dfrac{b^2c - abd}{abc + b}.$

33. $x = \dfrac{abc + ad - abd}{a^2 + b - a^2b}, \; y = \dfrac{a^2bc - bd}{a^2 + b - a^2b}.$

34. $x = \dfrac{a^2b + ad + bd}{abc + abd}, \; y = \dfrac{a^2b - ac - bc}{abc + abd}.$

35. $x = \dfrac{cd - abd}{ab + ad + b^2}, \; y = \dfrac{a^2d + ac + bc}{ab + ad + b^2}.$

36. $a = \dfrac{cg}{g^2 + h^2}, \; b = \dfrac{ch}{g^2 + h^2}.$

37. $a = \dfrac{c^2gh - eh}{cg^2 - 1}, \; b = \dfrac{ch - egh}{cg^2 - 1}.$

38. $g = \dfrac{ac}{a^2 + b^2}, \; h = \dfrac{bc}{a^2 + b^2}.$

39. $g = \dfrac{ac + be}{ae + bc^2}, \quad h = \dfrac{a^2 - b^2c}{ae + bc^2}.$

II. — ÉQUATIONS A TROIS ET A QUATRE INCONNUES.

40. $x = 28, \quad y = 13, \quad z = 7.$

41. $x = 8, \quad y = 20, \quad z = 28.$

42. $x = 4, \quad y = 3, \quad z = 2.$

43. $x = 6, \quad y = 9, \quad z = 12.$

44. $x = 6, \quad y = 8, \quad z = 10.$

45. $x = 20, \quad y = 24, \quad z = 32.$

46. $x = 60, \quad y = 30, \quad z = 25.$

47. $x = 16, \quad y = 24, \quad z = 8.$

48. $x = \dfrac{a + b - c}{2}, \quad y = \dfrac{a + c - b}{2}, \quad z = \dfrac{b + c - a}{2}.$

49. $x = \dfrac{c - b + d}{c - a}, \quad y = \dfrac{ac - bc + ad}{c - a}, \quad z = \dfrac{ac - bc + cd}{c - a}.$

50. $x = 4, \; y = 6, \; z = 10, \; v = 12.$

51. $x = 5, \; y = 3, \; z = 7, \; v = 2.$

III. — PROBLÈMES A PLUSIEURS INCONNUES.

52. x le premier nombre, y le second.

ÉQUATIONS : $2x + y = 91, \quad 2y + x = 101.$

RÉPONSE : $x = 27, \quad y = 37.$

53. x le premier nombre, y le second.

ÉQ. : $\dfrac{x}{3} + y = 17, \quad \dfrac{y}{3} + x = 11.$

RÉP. : $x = 6, \quad y = 15.$

54. x et y les deux nombres.

ÉQ. : $x + \dfrac{y}{2} = 19, \quad y + \dfrac{x}{2} = 23.$

RÉP. : $x = 10, \quad y = 18.$

55. x et y les deux nombres.

$$\text{Éq. : } 2x + 3y = 330, \quad 3x + 2y = 320.$$
$$\text{Rép. : } x = 60, \quad y = 70.$$

56. x et y les deux nombres.

$$\text{Éq. : } x - \frac{y}{2} = 30, \quad y - \frac{x}{5} = 30.$$
$$\text{Rép. : } x = 50, \quad y = 40.$$

57. x et y les deux nombres.

$$\text{Éq. : } \frac{x}{4} + \frac{y}{2} = 13, \quad \frac{x}{3} + \frac{y}{5} = 8.$$
$$\text{Rép. : } x = 12, \quad y = 20.$$

58. x l'âge du père, y l'âge du fils.

$$\text{Éq. : } x + y = 72, \quad x - y = \frac{x}{3} + 13.$$
$$\text{Rép. : } x = 51, \quad y = 21.$$

59. x le chemin parcouru par le premier voyageur, y le chemin parcouru par le second.

$$\text{Éq. : } \frac{x}{2} - \frac{y}{5} = 17, \quad 3x - 2y = 90.$$
$$\text{Rép. : } x = 40, \quad y = 15.$$

60. x le prix d'achat, y le prix de vente.

$$\text{Éq. : } \frac{x}{3} - \frac{y}{7} = \frac{x}{6}, \quad x - \frac{y}{2} = 5.$$
$$\text{Rép. : } x = 12, \quad y = 14.$$

61. x et y les deux nombres.

$$\text{Éq. : } \frac{2x}{5} + \frac{3y}{2} = 53, \quad \frac{5x}{4} + \frac{6y}{15} = 37.$$
$$\text{Rép. : } x = 20, \quad y = 30.$$

62. x ce qu'il y avait dans la bourse avant le payement de la dette, y ce qu'il y a maintenant.

$$\text{Éq. : } \frac{x-y}{2} = 15, \quad \frac{y}{2} + \frac{x}{5} = y.$$

$$\text{Rép. : } x = 50, \ y = 20.$$

63. x et y les deux sommes d'argent.

$$\text{Éq. : } \left(\frac{x}{2} - \frac{y}{4}\right) 3 = x, \quad \left(y - \frac{x}{3}\right) 2 = x - 20.$$

$$\text{Rép. : } x = 60, \ y = 40.$$

64. x et y les sommes contenues dans les deux bourses.

$$\text{Éq. : } x = \frac{y}{2} + 2, \quad \frac{y-x}{5} \times 9 = y - 4,65.$$

$$\text{Rép. : } x = 7,25, \ y = 10,50.$$

65. x l'avoir de Pierre et y l'avoir de Jean.

$$\text{Éq. : } x + y = 284, \quad \frac{x}{2} + \frac{y}{5} = 112.$$

$$\text{Rép. : } x = 184, \ y = 100.$$

66. x le plus petit des deux nombres, y le plus grand.

$$\text{Éq. : } x = \frac{y}{3}, \quad 16 - x = 30 - y.$$

$$\text{Rép. : } x = 7, \ y = 21.$$

67. x et y les prix convenus avec les terrassiers et avec les maçons.

$$\text{Éq. : } \frac{x}{3} + \frac{y}{4} = 50, \quad \frac{x}{2} - \frac{y}{5} = 29.$$

$$\text{Rép. : } x = 90 \text{ fr.}, \ y = 80 \text{ fr.}$$

68. x et y les deux nombres pensés.

$$\text{Éq. : } \left(2x - \frac{y}{2}\right) 3 = \frac{5y}{2} + \frac{x}{4},$$

$$\left(\frac{x}{16} + \frac{y}{23}\right) 10 = \frac{y}{2} - \frac{x}{2} + 33.$$

$$\text{Rép. : } x = 32, \ y = 46.$$

69. x et y les deux nombres.

$$\text{Éq.}: 3x + 4y = 251, \quad 2x + 5y = 270.$$
$$\text{Rép.}: x = 25, \quad y = 44.$$

70. x et y les deux nombres.

$$\text{Éq.}: 3x + 4y = a, \quad 2x + 5y = b.$$
$$\text{Rép.}: x = \frac{5a - 4b}{7}, \quad y = \frac{3b - 2a}{7}.$$

$$Appl.: x = \frac{5.251 - 4.270}{7} = 25, \quad y = \frac{3.270 - 2.251}{7} = 44.$$

71. x le prix de l'hectolitre de la première espèce, y le prix de l'hectolitre de la seconde.

$$\text{Éq.}: 10x + 6y = 308, \quad 8x + 5y = 250.$$
$$\text{Rép.}: x = 20, \quad y = 18.$$

72. x et y les deux espèces de monnaie.

$$\text{Éq.}: 8x + 5y = 41, \quad 3x + 15y = 18.$$
$$\text{Rép.}: x = 5 \text{ fr.}, \quad y = 20 \text{ centimes.}$$

73. $x = \dfrac{308.5 - 6.250}{10.5 - 6.8} = 20, \quad y = \dfrac{10.250 - 308.8}{10.5 - 6.8} = 18.$

74. $x = \dfrac{41.15 - 5.18}{8.15 - 5.3} = 5, \quad y = \dfrac{8.18 - 41.3}{8.15 - 5.3} = 0{,}20.$

75. $x = \dfrac{343.11 - 7.318}{14.11 - 7.9} = 17, \quad y = \dfrac{14.318 - 343.9}{14.11 - 7.9} = 15.$

76. $x = \dfrac{192.15 - 6.280}{18.15 - 6.25} = 10, \quad y = \dfrac{18.280 - 192.25}{18.15 - 6.25} = 2.$

77. x et y les quantités d'eau fournies par les deux fontaines.

$$\text{Éq.}: 10x + 8y = 106, \quad 3x + 4y = 43.$$
$$\text{Rép.}: x = 5, \quad y = 7.$$

78. $x = \dfrac{99.17 - 21.73}{19.17 - 21.13} = 3, \quad y = \dfrac{19.73 - 99.13}{19.17 - 21.13} = 2.$

79. x la bourse de la personne charitable, y le nombre des pauvres.

Éq. : $0{,}40y = x + 7$, $0{,}30y = x - 1$.

Rép. : $x = 25$ fr., $y = 80$ pauvres.

80. Éq. : $ay = x + b$, $dy = x - c$.

Rép. : $x = \dfrac{ae + bd}{a - d}$, $y = \dfrac{b + c}{a - d}$.

Appl. : $x = \dfrac{0{,}70 \times 8 + 10 \times 0{,}50}{0{,}70 - 0{,}50} = 53$, $y = \dfrac{10 + 8}{0{,}70 - 0{,}50} = 90$.

81. x et y les deux nombres d'hectolitres de blé.

Éq. : $x + y = 100$, $\dfrac{22x + 23{,}50y}{100} = 22{,}54$,

ou bien $x + y = 100$, $22x + 23{,}50y = 22{,}54 \times 100$

Rép. : $x = 64$, $y = 36$.

82. Éq. : $b + b' = a$, $bd + b'd' = ac$.

Rép. : $b = \dfrac{ad' - ac}{d' - d} = \dfrac{a(d' - c)}{d' - d}$,

$b' = \dfrac{ac - ad}{d' - d} = \dfrac{a(c - d)}{d' - d}$.

Appl. : $b = \dfrac{100(23{,}50 - 22{,}54)}{23{,}50 - 22} = 64$

$b' = \dfrac{100(22{,}54 - 22)}{23{,}50 - 22} = 36$.

83. x la quantité d'or en centimètres cubes, y la quantité d'argent.

Éq. : $x + y = 40$, $19{,}3x + 10{,}5y = 684$.

Rép. : $x = 30$, $y = 10$.

84. Éq. : $v + v' = V$, $pv + p'v' = P$.

ALGÈBRE.

Rép. : $v = \dfrac{p'V - P}{p' - p}$, $v' = \dfrac{P - pV}{p' - p}$.

$Appl.: v = \dfrac{8{,}85 \times 120 - 1000}{8{,}85 - 7{,}19} = 37{,}35$ à $\frac{1}{2}$ cent. près.

$v' = \dfrac{1000 - 7{,}19 \times 120}{8{,}85 - 7{,}19} = 82{,}65$ à $\frac{1}{2}$ cent. près.

85. x la quantité d'eau de pluie, y la quantité d'eau de mer.

Éq. : $x + y = 11$, $100x + 102{,}6y = 1120{,}8$.

Rép. : $x = 3$, $y = 8$.

86. Éq. : $(z - 1)2 = x + 1$, $x - 1 = z + 1$.

Rép. : $x = 7$, $z = 5$.

87. x et y les sommes que Pierre et André avaient dans leurs bourses.

Éq. : $x - 20 = y + 20$, $(y - 30)6 = x + 30$.

Rép. : $x = 90$, $y = 50$.

88. x le nombre de mètres de drap, et y le prix du mètre.

Éq. : $(x + 10)(y - 4) = xy - 60$,
$(x - 6)(y + 2) = xy - 16$.

Rép. : $x = 40$, $y = 14$.

89. x et y les quantités des deux métaux.

Éq. : $x + y = a$, $mx + ny = d$.

Rép. : $x = \dfrac{an - d}{n - m}$, $y = \dfrac{d - am}{n - m}$.

Application à la couronne de Hiéron, en appelant x la quantité d'or et y la quantité d'argent :

$$x = \dfrac{20 \cdot \dfrac{1}{10{,}47} - \dfrac{5}{4}}{\dfrac{1}{10{,}47} - \dfrac{1}{19{,}26}} = 15{,}15, \quad y = \dfrac{\dfrac{5}{4} - 20 \cdot \dfrac{1}{19{,}26}}{\dfrac{1}{10{,}47} - \dfrac{1}{19{,}26}} = 4{,}85.$$

90. x, y, z les trois nombres.

ÉQ. : $x + y = z$, $y - x = \dfrac{z}{3}$, $x + z = 16$.

RÉP. : $x = 4$, $y = 8$, $z = 12$.

91. x, y, z les trois nombres.

ÉQ. : $x + y + z = 4x + 5$, $y - x = \dfrac{z}{4}$, $z - x = \dfrac{2y}{3}$.

RÉP. : $x = 10$, $y = 15$, $z = 20$.

92. x l'âge de Charles, y l'âge d'Henri, z l'âge d'Alexandre.

ÉQ. : $x - 4 + y + 5 = 30$, $y + 4 + z - 5 = 30$,
$z - 3 + x + 1 = 28$.

RÉP. : $x = 14$, $y = 15$, $z = 16$.

93. x, y, z le prix de chaque journée des terrassiers, des maçons et des charpentiers.

ÉQ. : $50x + 40y = 165$, $30x + 20z = 105$,
$25y + 10z = 86{,}25$.

RÉP. : $x = 1$ fr. 50, $y = 2$ fr. 25, $z = 3$ fr.

94. x, y, z valeurs des trois monnaies, dollar d'or, ducat. et douro.

ÉQ. : $6x + 7y = 113{,}50$, $10x + 4z = 72{,}70$,
$8y + 5z = 120{,}90$.

RÉP. : $x = 5{,}15$, $y = 11{,}80$, $z = 5{,}30$.

95. x, y, z les prix des trois espèces de blé.

ÉQ. : $50x + 30y + 40z = 2530$, $15x + 20y + 34z = 1430$,
$25x + 100y + 5z = 2750$.

RÉP. : $x = 22$, $y = 21$, $z = 20$.

96. x, y, z les prix des trois chevaux.

ÉQ. : $x + \dfrac{y + z}{2} = 865$, $y + \dfrac{x + z}{3} = 650$,

$z + \dfrac{x + y}{2} = 835$.

$$\text{Rép.} : x = 480, \quad y = 350, \quad z = 420.$$

97. x, y, z les prix de transport pour les petits vases, les moyens et les grands.

Éq. : $3x - 2y + 11z = 32$, $8x + 5y - 6z = 0$, $15z - 12x - 9y = 15$.

Rép. : $x = 1$, $y = 2$, $z = 3$.

98. $x, y \ z$ les parties que rempliraient séparément les trois fontaines.

Éq. : $x + y + z = 1$, $x + y = \dfrac{2}{3}$, $y + z = \dfrac{5}{9}$.

Rép. : $x = \dfrac{4}{9}$, $y = \dfrac{2}{9}$, $z = \dfrac{1}{3}$ ou $\dfrac{3}{9}$.

99. Éq. : $x + y + z = 1$, $x + y = a$, $y + z = b$.

Rép. : $x = 1 - b$, $y = a + b - 1$, $z = 1 - a$.

Application au problème précédent :

$$x = 1 - \frac{5}{9} = \frac{4}{9}, \quad y = \frac{11}{9} - 1 = \frac{2}{9}, \quad z = 1 - \frac{2}{3} = \frac{1}{3} = \frac{3}{9}.$$

100. x, y, z les parties que feraient séparément les trois ouvriers.

Éq. : $x + y = \dfrac{3}{4}$, $y + z = \dfrac{5}{8}$, $x + z = \dfrac{1}{2}$.

Rép. : $x = \dfrac{5}{16}$, $y = \dfrac{7}{16}$, $z = \dfrac{3}{16}$.   (On remarquera que ces trois parties réunies n'égalent pas 1, et en effet l'énoncé du problème n'exprime pas cette condition.)

101. Éq. : $x + y = a$, $y + z = b$, $x + z = c$.

Rép. : $x = \dfrac{a + c - b}{2}$, $y = \dfrac{a + b - c}{2}$, $z = \dfrac{b + c - a}{2}$.

Application au problème précédent :

$$x = \frac{\dfrac{3}{4} + \dfrac{1}{2} - \dfrac{5}{8}}{2} = \frac{5}{16}, \quad y = \frac{\dfrac{3}{4} + \dfrac{5}{8} - \dfrac{1}{2}}{2} = \frac{7}{16},$$

$$z = \frac{\dfrac{5}{8} + \dfrac{1}{2} - \dfrac{3}{4}}{2} = \frac{3}{16}.$$

CHAPITRE VII

Examen de diverses solutions auxquelles peuvent donner lieu
les problèmes.

1. x le nombre de minutes de plus dont les deux montres devraient *avancer*.

Éq. : $(12+x)2 = 16 + x$.

D'où $x = -8$.

Rép. : Les deux montres devraient *retarder* ensemble de 8 minutes.

Vérification de l'équation : $8 = 8$.

2. x ce que le marchand devra *gagner* par hectolitre.

Éq. : $(40 - 8)\ (20 + x) = 40 \times 20 - 192$.

D'où $x = -1$.

Rép. : Le marchand devrait *perdre* 1 fr. par hectol.

Vérification de l'équation : $608 = 608$.

3. x le nombre de kilomètres dont les deux courriers devraient *avancer* encore.

Éq. : $70 + x = 4\ (40 + x)$.

D'où $x = -30$.

Rép. : Les deux courriers devraient *reculer* chacun
de 30 kilomètres, pour que la condition exprimée dans l'énoncé du problème fût remplie.

Vérification de l'équation : $40 = 40$.

4. x le nombre d'hommes dont l'armée était composée
avant la bataille.

Éq. : $\dfrac{x}{2} + \dfrac{5x}{7} + 18000 = x$.

D'où $x = -\,84000$.

Rép. : Le problème est impossible.

Vérific. de l'éq. : $-\,84000 = -\,84000$.

5. x le prix du mètre de drap de la première qualité.

Éq. : $25x - 20 = 27\,(x - 2) + 66$.

D'où $x = -\,16$.

Rép. : Problème impossible.

Vérific. de l'éq. : $-\,420 = -\,420$.

6. x le nombre de jours demandé.

Éq. : $(60 - x)\,1,50 - 2x = 104$.

D'où $x = -\,4$.

Rép. : Probl. impossible.— Si l'on veut trouver un sens au résultat négatif $-\,4$, on dira que non-seulement l'ouvrier n'a travaillé aucun jour sur 60, mais que pendant 4 autres jours il a plutôt *défait* de l'ouvrage de l'espèce de celui qui lui était commandé, de sorte qu'il serait obligé pour ces 4 jours de payer d'abord 4 fois 1 fr. 50. parce qu'il n'a pas travaillé, et de plus 4 fois 2 fr. pour les dégâts qu'il a causés.

Vérific. de l'éq. : $104 = 104$.

7. x le nombre d'heures *après* lequel les deux locomotives se rencontreront.

Éq. : $x \times 36 = (x + 2)\,60$.

D'où $x = -\,5$.

Rép. : La rencontre a eu lieu 5 heures *avant* l'arrivée de la seconde locomotive à Paris.

Vérific. de l'éq. : $-\,180 = -\,180$.

8. $x = \dfrac{60 \times 2}{36 - 60} = \dfrac{120}{-24} = -5.$

9. x le nombre de kilomètres *à parcourir* par la seconde locomotive.

$$\text{Éq.} : \quad \frac{x - 150}{x} = \frac{60}{50}.$$

D'où $x = -750$ kilomètres.

> Rép. : La seconde locomotive *a déjà parcouru* 750 kilomètres depuis qu'elle a été atteinte par la première, laquelle va plus vite.

Vérific. de l'éq. : $1,2 = 1,2.$

10. $x = \dfrac{50 \times 150}{50 - 60} = \dfrac{7500}{-10} = -750.$

11. x le nombre demandé.

$$\text{Éq.} : \quad \frac{x}{2} + \frac{3x}{4} = \frac{5x}{4} + 6.$$

D'où $x = \dfrac{192}{0} = \infty.$

> Rép. : Aucun nombre ne satisfait à la question.

12. x le nombre demandé.

$$\text{Éq.} : \quad \frac{x}{2} + \frac{3x}{4} = \frac{5x}{4}.$$

D'où $x = \dfrac{0}{0}.$

> Rép. : Probl. indéterminé. Tous les nombres satisfont à la question.

13. x la dette.

$$\text{Éq.} : \quad \frac{x}{2} + \frac{3x}{6} + 50 = x.$$

D'où $x = \dfrac{600}{0} = \infty$.

Rép. : Probl. impossible.

14. x la dette.

$$\text{Éq.} : \frac{x}{2} + {}_3 + \frac{x}{6} = x.$$

D'où $x = \dfrac{0}{0}$.

Rép. : Problème indéterminé : l'inconnue admet toutes les valeurs.

15. x la dette.

$$\text{Éq.} : {}_2 + \frac{x}{3} + \frac{x}{4} = x.$$

D'où $x = \dfrac{0}{2} = 0$.

Rép. : Le marchand ne doit rien.

16.   1° Équation indéterminée.

2° Équations incompatibles. La première est satisfaite par $x = 5$, et la seconde par $x = 6$.

3° Équations incompatibles. Les deux premières sont satisfaites par $x = 8$ et $y = 10$, mais la troisième n'admet pas cette solution.

4° Équations indéterminées. Les deux équations rentrent l'une dans l'autre.

17.   1° $x = \dfrac{10 \cdot 4}{2} = 20$.

Il faudra 20 heures à la seconde locomotive pour atteindre la première. (La rencontre se fera à droite de Paris.)

2° $x = \dfrac{12 \cdot 4}{-2} = -24$.

Il y a 24 heures que l'une des locomotives a atteint l'autre. (La locomotive que nous appelons la seconde marchait d'abord devant la première elle fut ensuite dépassée par celle-ci, à gauche de Paris, 24 heures avant d'arriver à Paris.)

$$3° \quad x = \frac{10 \times 4}{0} = \infty.$$

Cas impossible.

$$4° \quad x = \frac{(-10) \times 4}{12 - (-10)} = \frac{-40}{22} = -1\,\frac{9}{11}.$$

La seconde locomotive a rencontré la première il y a 1 h. $\frac{9}{11}$. (La rencontre s'est faite à gauche de Paris.)

$$5° \quad x = \frac{10 \times 4}{-12 - 10} = \frac{40}{-22} = -1\,\frac{9}{11}.$$

Ce résultat vient d'être interprété. (La rencontre a eu lieu cette fois à droite de Paris.)

$$6° \quad x = \frac{(-10) \times 4}{-12 - (-10)} = \frac{-40}{-2} = 20.$$

Même interprétation que dans le premier cas. (Rencontre à gauche de Paris.)

$$7° \quad x = \frac{(-12) \times 4}{-10 + 12} = \frac{-48}{2} = -24.$$

Même interprétation que dans le deuxième cas. (Rencontre à droite de Paris.)

$$8° \quad x = \frac{0 \times 4}{10 - 0} = \frac{0}{10} = 0.$$

Les deux locomotives sont actuellement au même point. (La seconde locomotive, passant à Paris, y trouve la première.)

$$9° \quad x = \frac{1 \times 00}{12 - 10} = \frac{0}{2} = 0.$$

Résultat interprété tout à l'heure. (La condition $h = 0$ indiquait que les deux locomotives passent au même moment à Paris.)

$$10^\circ\ \ x = \frac{10 \times 0}{10 - 10} = \frac{0}{0}.$$

Cas d'indétermination ; en vérifiant on s'assure qu'un nombre quelconque satisfait à l'équation. (Les deux locomotives, se trouvant à Paris au même moment, continuent à voyager ensemble, de sorte que la rencontre a lieu à toute heure.)

$$11^\circ\ \ x = \frac{0 \times 4}{0 - 0} = \frac{0}{0}.$$

Indétermination. (La seconde locomotive étant supposée à Paris à un moment donné, quand l'autre y est déjà depuis quatre heures, on trouve qu'étant toutes deux sans vitesse elles doivent rester ensemble à Paris.)

Nota. — Dans les solutions suivantes, nous mettrons d'abord les équations proposées, ramenées, s'il y a lieu, à la forme des équations générales à deux inconnues.

18. Éq. : $4x + 3y = 370$, $10x + 2y = 540$ (ou $5x + y = 270$).

$$\text{Rép.} :\ x = \frac{370.2 - 3.540}{4.2 - 3.10} = \frac{-880}{-22} = 40,$$

$$y = \frac{4.540 - 370.10}{4.2 - 3.10} = \frac{-1540}{-22} = 70.$$

19. Éq. : $2x - 3y = 5$, $5x - 2y = 95$.

$$\text{Rép.} :\ x = \frac{5.(-2)-(-3).95}{2.(-2)-(-3).5} = \frac{275}{11} = 25,$$

$$y = \frac{2.95 - 5.5}{2.(-2)-(-3).5} = \frac{165}{11} = 15.$$

20. Éq. : $-3x + 20y = 44$, $2x - 2y = 16$ (ou $x - y = 8$).

$$\text{Rép.} :\ x = \frac{44.(-2)-20.16}{(-3).(-2)-20.2} = \frac{-408}{-34} = 12,$$

$$y = \frac{(-3).16 - 44.2}{(-3).(-2)-20.2} = \frac{-136}{-34} = 4.$$

21. Éq. : $3x - y = 13$, $2x - 3y = -10$.

$$\text{Rép. : } x = \frac{13.(-3)-(-1).(-10)}{3.(-3)-(-1).2} = \frac{-49}{-7} = 7,$$

$$y = \frac{3.(-10)-13\times 2}{3.(-3)-(-1).2} = \frac{-56}{-7} = 8.$$

22. Éq. : $10x + 2y = 22$ (ou $5x + y = 11$), $4x - 5y = 32$.

$$\text{Rép. : } x = \frac{22.(-5)-2.32}{10.(-5)-2.4} = \frac{-174}{-58} = 3,$$

$$y = \frac{10.32-22.4}{10.(-5)-2.4} = \frac{232}{-58} = -4.$$

23. Éq. : $x - y = 1$, $3x - 2y = -4$.

$$\text{Rép. : } x = \frac{1.(-2)-(-1).(-4)}{1.(-2)-(-1).3} = \frac{-6}{1} = -6,$$

$$y = \frac{1.(-4)-1.3}{1.(-2)-(-1).3} = \frac{-7}{1} = -7.$$

24. Éq. : $2x + y = 2$, $8x + 3y = -2$.

$$\text{Rép. : } x = \frac{2.3 - 1.(-2)}{2.3-1.8} = \frac{8}{-2} = -4,$$

$$y = \frac{2.(-2)-2.8}{-2} = \frac{-20}{-2} = 10.$$

25. Éq. : $2x - y = 0$, $-x + 2y = 0$.

$$\text{Rép. : } x = \frac{0.2-(-1).0}{2.2-(-1).(-1)} = \frac{0}{3} = 0,$$

$$y = \frac{2.0-0.(-1)}{3} = 0.$$

26. Éq : $x - y = 0$, $-x + y = 0$.

$$\text{Rép. : } x = \frac{0.1-(-1).0}{1.1-(-1).(-1)} = \frac{0}{0}.$$

$$y = \frac{1.0-0.(-1)}{0} = \frac{0}{0}.$$

En résolvant d'ailleurs une des équations par rapport à x, on trouve $x = y$. Par conséquent, si on donne à l'une des inconnues une valeur quelconque et à l'autre inc. la même valeur, les deux équations seront vérifiées.

27. Éq. : $3x - y = 39$; $6x - 2y = 78$.

$$\text{Rép.} : x = \frac{39.(-2)-(-1).78}{3.(-2)-(-1).6} = \frac{0}{0},$$

$$y = \frac{3.78-39.6}{0} = \frac{0}{0}.$$

Si l'on donne à une des inconnues une valeur quelconque et à l'autre inconnue une autre valeur, tirée, comme à l'ordinaire, d'une des équations, ces deux valeurs vérifieront toujours les deux équations.

28. Éq. : $x - y = 4$; $-x + y = 4$.

$$\text{Rép.} : x = \frac{4.1-(-1).4}{1.1-(-1).(-1)} = \frac{4+4}{1-1} = \frac{8}{0} = \infty,$$

$$y = \frac{1.4-4.(-1)}{0} = \frac{4+4}{0} = \frac{8}{0} = \infty.$$

Les équations sont incompatibles.

29. Éq. : $2x - y = 0$; $-6x + 3y = 4$.

$$\text{Rép.} : x = \frac{0.2-(-1).4}{3.2-(-1).(-6)} = \frac{0+4}{6-6} = \frac{4}{0} = \infty,$$

$$y = \frac{2.4-0.(-6)}{0} = \frac{8+0}{0} = \frac{8}{0} = \infty.$$

Équations incompatibles.

————

Le chapitre **VIII** n'a pas d'exercices.

————

CHAPITRE IX

Équations et problèmes du second degré.
Cas très-simple du troisième degré.
Notions sur les puissances et les racines de tous les degrés.

1. $9\,a^2$; $25\,a^6$; $a^6\,b^3$; $\dfrac{a^2}{b^2}$; $\dfrac{16\,a^6}{b^4\,c^2}$; $\dfrac{27}{64}\,a^6$.

2. a; $6\,a^3$; $2\,a$; $\dfrac{2\,a}{a^2}$; $\dfrac{5\,a^2}{4\,a}$; $\dfrac{3}{4}\,a^2$.

3. $3\sqrt{a}$; $3\,a^2\sqrt{b^3}$; $4\,a\sqrt{b}$; $3\sqrt{a^3}$; $3\,a^2\sqrt{b}$; $4\,b^2\sqrt{a}$.

4. $a^4 - 2\,a^2 b + b^2$; $x^2 - 6\,x + 9$; $4\,a^2 + 4\,ab + b^2$;

$$\frac{4}{9}\,a^2 - \frac{4}{3}\,ab + b^2.$$

5. $x = \pm\,3$; $x = \pm\,8$.

6. $x = \pm\,7$; $x = \pm\,24$.

7. $x = \pm\,15$; $x = \pm\,20$.

8. $x = \pm\,18$; $x = \pm\,14$.

9. $x = \pm\,0{,}4$; $x = \pm\,5{,}4$.

10. $x = \pm\,\dfrac{2}{7}$; $x = \pm\,\dfrac{2}{3}$.

11. $x = \pm\,\dfrac{4}{9}$; $x = \pm\,\dfrac{3}{11}$.

12. $x = \pm\,2{,}58$; $x = \pm\,3{,}06$. $\rbrace$

13. $x = \pm\,3{,}35$; $x = \pm\,0{,}75$. $\rbrace$ Valeurs approchées.

14. $x = \pm\,\sqrt{\dfrac{b}{a}}$; $x = \pm\,\sqrt{\dfrac{b+c}{ab}}$.

15. $x = \pm\,\sqrt{a^2 - ac}$; $x = \pm\,\sqrt{\dfrac{abc - cd}{a}}$.

16. $x = \pm \sqrt{\dfrac{ad}{a-c}}\,;\quad x = \pm \sqrt{\dfrac{bd}{d-1}}.$

17. $x = 3,5 \pm 2,5$, d'où $x' = 6$ et $x'' = 1$;
$x = 6 \pm 1$, d'où $x' = 7$ et $x'' = 5$.

18. $x = 13,5 \pm 2,5$, d'où $x' = 16$ et $x'' = 11$;
$x = 6,5 \pm 3,5$, d'où $x' = 10$ et $x'' = 3$.

19. $x = 8 \pm 1$, d'où $x' = 9$ et $x'' = 7$;
$x = 11 \pm 4$, d'où $x' = 15$ et $x'' = 7$.

20. $x = 19 \pm 6$, d'où $x' = 25$ et $x'' = 13$;
$x = 60 \pm 40$, d'où $x' = 100$ et $x'' = 20$.

21. $x = 0,25 \pm 2,75$, d'où $x' = 3$ et $x'' = -2,5$;
$x = 6,9 \pm 11,1$, d'où $x' = 18$ et $x'' = -4,2$.

22. $x = 0,65 \pm 2,85$, d'où $x' = 3,5$ et $x'' = -2,2$.
$x = 0,65 \pm 1,65$, d'où $x' = 2,3$ et $x'' = -1$.

23. $x = -0,05 \pm 2,05$, d'où $x' = 2$ et $x'' = -2,1$;
$x = -0,2 \pm 6,2$, d'où $x' = 6$ et $x'' = -6,4$.

24. $x = -7,2 \pm 25,2$ (val. appr.), d'où $x' = 18$ et $x'' = -32,4$;
$x = -0,5 \pm 86$, (val. appr.), d'où $x' = 8,1$ et $x'' = -9,1$.

25. $x = -3,5 \pm 0,5$, d'où $x' = -3$ et $x'' = -4$;
$x = -8,5 \pm 1,1$ (val. appr.), d'où $x' = -7,4$ et $x'' = -9,6$.

26. $x = 7 \pm 0$, d'où $x' = 7$ et $x'' = 7$ (racines égales).

Cette solution répond au cas où dans l'équation proposée on lirait $24\frac{1}{2}$ au lieu de $12\frac{1}{4}$. En maintenant $12\frac{1}{4}$, comme il a été imprimé par erreur, la solution serait $x = 7 \pm 5$ (val. appr.), d'où $x' = 12$ et $x'' = 2$.

$x = 3 \pm 0$, d'où $x' = 3$ et $x'' = 3$ (racines égales).

27. $x = 15 \pm 15$, d'où $x' = 30$ et $x'' = 0$;
$x = 14 \pm 14$, d'où $x' = 28$ et $x'' = 0$.

28. $x = 5,5 \pm 1,5$, d'où $x' = 7$ (val. fausse), et $x'' = 4$ (val. vraie) ;
$x = -3,25 \pm 1,75$; d'où $x' = -1,5$ (valeur vraie),
et $x'' = -5$ (valeur fausse).

29. $x = a \pm \sqrt{a^2 + b}\,;\quad x = -a \pm \sqrt{a^2 + c}.$

30. $x = \dfrac{ab}{2} \pm \sqrt{\left(\dfrac{ab}{2}\right)^2 - a^2 b}\,;$

$$x = -\frac{3ab}{2} \pm \sqrt{\left(\frac{3ab}{2}\right)^2 + ac}\,.$$

31. $x = -\dfrac{a-b}{2} \pm \sqrt{\left(\dfrac{a-b}{2}\right)^2 - c}\,;$

$$x = \frac{3a+2b}{2} \pm \sqrt{\left(\frac{3a+2b}{2}\right)^2 - c}\,.$$

32. $x = -\dfrac{3ac-a}{2} \pm \sqrt{\left(\dfrac{3ac-a}{2}\right)^2 + 3ab}\,;$

$$x = \frac{ab+ac}{2} \pm \sqrt{\left(\frac{ab+ac}{2}\right)^2 - ab}\,.$$

33. $x = \dfrac{b}{2a} \pm \sqrt{\left(\dfrac{b}{2a}\right)^2 + \dfrac{cd}{a}}\,; \quad x = -\dfrac{b}{6a} \pm \sqrt{\left(\dfrac{b}{6a}\right)^2 + \dfrac{a+b}{3a}}\,.$

34. $x = -\dfrac{b}{2(a-c)} \pm \sqrt{\left(\dfrac{b}{2(a-c)}\right)^2 + \dfrac{c}{a-c}}\,;$

$$x = \frac{a}{4a+2b} \pm \sqrt{\left(\frac{a}{4a+2b}\right)^2 + \frac{d}{2a+b}}\,.$$

35. $x = \dfrac{c-d}{2(a+b)} \pm \sqrt{\left(\dfrac{c-d}{2(a+b)}\right)^2 + \dfrac{d-a}{a+b}}\,;$

$$x = \frac{c-d}{2(a+b)} \pm \sqrt{\left(\frac{c-d}{2(a+b)}\right)^2 + 1}\,.$$

36. $x = 625\,; \quad x = 2187.$

37. $x = a^2 + 2ab + b^2\,; \quad x = \dfrac{c^2 d^2}{a^2}\,.$

38. $x = (c-a)^2 = a^2 - 2ac + c^2\,;$

$$x = \left(\frac{a+b}{3}\right)^2 = \frac{a^2 + 2ab + b^2}{9}\,.$$

39. $x = 7,5 \pm 2,5$, d'où $x' = 10$ (val. vraie), et $x'' = 5$ (val. fausse); $x = 5,5 \pm 10,5$, d'où $x' = 16$ (val. vraie), et $x'' = -5$ (val. fausse).

40. $x = \pm \sqrt{-20}$; $x = \pm \sqrt{-6}$ (solutions imaginaires).

41. $x = 3 \pm \sqrt{-21}$; $x = -2 \pm \sqrt{-13}$ (Id.)

42. $y = 3,5 \pm 1,5$, $x = 14 - 2(3,5 \pm 1,5)$; d'où $x' = 4$ et $y' = 5$, $x'' = 10$ et $y'' = 2$.

43. $y = 44 \pm 32$, $x = 22 - (44 \pm 32)$; d'où $x' = -54$ et $y' = 76$, $x'' = 10$ et $y'' = 12$.

44. $x = 3$; $x = 4$.

45. ÉQUATION : $3x^2 = 675$; d'où $x = \pm 15$.

> RÉPONSE : 15.

46. ÉQ. : $\dfrac{x}{3} \times \dfrac{x}{4} = \dfrac{x}{2} \times \dfrac{2x}{7} - 420$; d'où $x = \pm 84$.

> RÉP. : 84.

47. ÉQ. : $\dfrac{x}{12} \cdot x = 108$; d'où $x = \pm 36$.

> RÉP. : 36 enfants.

48. ÉQ. : $2x^2 = 20x + 48$; d'où $x = 5 \pm 7$.

> RÉP. : 12.

49. ÉQ. : $\dfrac{x}{2} \cdot \dfrac{x}{3} = 3x$; d'où $x = 9 \pm 9$.

> RÉP. : 18.

50. ÉQ. : $\dfrac{(3x + 5) \cdot 2x}{13} = 7x + 60$; d'où $x = 6,75 \pm 13,25$.

> RÉP. : 20.

51. Éq. : $(5x - 20)\,\dfrac{2x}{3} = 2x^2 + 3x - 4$;

d'où $x = 6{,}125 \pm 5{,}875$.

> Rép. : 12 ou 0,25. (0,25 ne répond à la question qu'en admettant des quantités négatives dans le calcul indiqué par l'énoncé du problème, car on a par exemple $5 \times 0{,}25 - 20 = -18{,}75$. Ce nombre 0,25 peut par conséquent être considéré comme ne répondant pas à la question.)

52. x la fortune du marchand.

Éq. : $x^2 - 50x = 399\,000\,000$;

d'où $x = 25 \pm 19975$.

> Rép. : Le négociant possède 20000 fr., ou bien il n'a rien, et doit au contraire 19950 fr.

53. Éq. : $x \times x = 5x + 150$;

d'où $x = 2{,}5 \pm 12{,}5$.

> Rép. : 15 kilogrammes.

54. Éq. : $x \times x = ax + b$.

> Rép. : $x = \dfrac{1}{2}a \pm \sqrt{\left(\dfrac{1}{2}a\right)^2 + b}$.

55. $x = 2{,}5 \pm \sqrt{2{,}5 \times 2{,}5 + 150} = 2{,}5 \pm 12{,}5$.

> Rép. : 15 kilogrammes.

56. $x = 9 \pm \sqrt{9 \times 9 + 360} = 9 \pm 21$.

> Rép. : 30 kilogrammes.

57. x le nombre d'hommes sur chaque ligne des deux premiers carrés.

Éq. : $2x^2 + 1362 = 3(x - 10)^2 - 1287$;

d'où $x = 30 \pm 57$.

> Rép. : 87 hommes sur chaque ligne de deux carrés égaux, plus 1362 hommes, ce qui fait $7569 \times 2 + 1362 = 16500$ hommes.

58. x la distance en deçà de C.

$$\text{Éq.} : mx - k = \frac{a}{x}.$$

$$\text{Rép.} : x = \frac{k}{2m} \pm \sqrt{\left(\frac{k}{2m}\right)^2 + \frac{a}{m}}.$$

Application : $x = \dfrac{75}{2 \times \frac{1}{2}} \pm \sqrt{5625 + 5400} = 75 \pm 105$;

d'où la réponse : 180 kilomètres en deçà de Tours ou 30 kilomètres au delà.

59. x la plus grande des parties.

$$\text{Éq.} : 5x\,(120 - x) = 500x - 17500 ;$$

d'où $x = 10 \pm 60$.

$$\text{Rép.} : 1^{re} \text{ partie} = 70 ; 2^e = 120 - 70 = 50.$$

60. x l'une des parties.

$$\text{Éq.} : x\,(60 - x) = 901 ;$$

d'où $x = 30 \pm \sqrt{-1}$.

$$\text{Rép.} : \text{Problème impossible.}$$

61. x l'une des parties.

$$\text{Éq.} : x\,(a - x) = \left(\frac{1}{2}a\right)^2 - 1.$$

$$\text{Rép.} : x = \frac{1}{2}a \pm 1.$$

62. x l'une des parties.

$$\text{Éq.} : x\,(a - x) = \left(\frac{1}{2}a\right)^2 + 1.$$

$$\text{Rép.} : x = \frac{1}{2}a \pm \sqrt{-1}.$$

63. Réponse : 1er *Problème* : Pour les cinq nombres proposés, les deux parties sont respectivement 5 et 3, 6 et 4, 7 et 5, 8 et 6, 9 et 7.

2e *Problème* : Impossible.

CHAPITRE X

Proportions et progressions.

1. $x = 6$; $x = 24$; $x = 9$; $x = 80$.

2. $x = 15$; $x = 16$; $x = 12$; $x = 45$.

3. RÉPONSE : 58.

4. Raison de la progression $= 3$.
  RÉP. : ÷ 4.7.10.13.16.19.22.25.28.31.

5. Raison de la progression $= 5$.
  RÉP. : ÷ 2.7.12.17.22.27.32.37.

6. RÉP. : 533.

7. Dernier terme de la progression $= 5,85$.
  RÉP. : 88 fr. 50 c.

8. RÉP. : 83 fr. pour le dernier mètre; en tout 1760 fr.

9. RÉP. : 1701.

10. Raison de la progression $= 6$.
  RÉP. : 180.

11. Raison de la progression $= 2$.
  RÉP. : 96 et 192.

12. RÉP. : 765.

13. RÉP : 3.

14. RÉP. : 14762 fr.

15. Progression de 40 termes commençant par 8 et dont la raison est 8.
  RÉP. : Dernière récolte : un nombre d'hectolitres exprimé par 13 suivi de 35 zéros (nombre rond); somme des récoltes : 15 suivi de 35 zéros.

CHAPITRE XI

Logarithmes. — Équations exponentielles.

Nota. Les résultats suivants ont été obtenus avec la petite table
de la page 273 du *Cours*. Lorsqu'ils diffèrent des résultats exacts
par un ou plusieurs des derniers chiffres, les chiffres exacts sont
marqués à la suite entre parenthèses.

1. 1,90363 ; 1,54652 (4) ; 1,78886 (8) ; 1,47418 (22).

2. 1,63866 (9) ; 1,86122 (4) ; 1,63153 (5) ; 1,56249 (53).

3. 2,76343 ; 3,11394 ; 4,68124 ; 5,70757.

4. 2,00828 (60) ; 2,37097 (107) ; 3,13776 (99) ; 3,66659 (61).

5. 0,91381 ; 0,73239 ; 0,98677 ; 0,76343.

6. 0,91644 (5) ; 0,85308 (9) ; 2,05462 (500) ; 2,64716 (9).

7. $\overline{1}$,40816 (24) ; $\overline{2}$,62011 (4) ; $\overline{1}$,32828 (38) ; $\overline{3}$,73821 (3).

8. $\overline{4}$,67210 ; $\overline{3}$,90309 ; $\overline{1}$,60206 ; $\overline{2}$,71600.

Nous ajoutons ici quelques autres logarithmes de
nombres employés dans les exercices 18, 19, et qui
ne sont pas dans la petite table.

Log 0,417 = $\overline{1}$,62011 (4) ; log 13,5 = 1,13003 (33) ;
log 12,6 = 1,10004 (37).

9. 220 ; 4100 ; 360000 ; 60000.

10. 2,3 ; 0,3 ; 0,0055 ; 0,031.

11. 73,31 ; 5,154 ; 534 ; 8438.

12. 49680 ; 530,4 ; 290,1 ; 3203.

13. 0,5561 ; 0,02530 (29) ; 0,005637 ; 0,0008511.

14. 3,45015 (7) = log 2820 (19) ; 3,26304 (10) = log 1833 ;
3,49988 (93) = log 3162 ; 3,19402 (8) = log 1564 (3).

15. $1,29562\,(54) = \log 19,76\,(5)\,;\ 1,12948\,(39) = \log 13,48\,(7)\,;$
$0,18142 = \log 1,519\,;\ \ 0,22334 = \log 1,673\,(2).$

16. $1,83288\,(90) = \log 68,06\,;\ \ 2,55924\,(7) = \log 362,5\,;$
$12,32772\,(3000) = \log 2127\,(38)$ suivi de neuf zéros;
$26,47160\,(90) = \log 2962\,(4)$ suivi de vingt-trois zéros.

17. $0,45822\,(3) = \log 2,873\,(2)\,;\ \ 0,28436 = \log 1,925\,;$
$0,34244\,(50) = \log 2,2\,;\ \ 0,26472 = \log 1,84.$

18. $1,77913\,(31) = \log 60,14\,(6)\,;\ \overline{1},53655\,(9) = 0,344\,;$
$\overline{1},02827\,(38) = \log 0,1068\,;\ \overline{4},45421\,(3) = \log 0,0002846.$

19. $\overline{3},23650\,(48) = \log 0,001724\,;$
$\overline{2},40718\,(08) = \log 0,02554\,(3)\,;$
$\overline{3},99227\,(34) = \log 0,009824\,(5)\,;$
$\overline{1},09176\,(7)\,; = \log 0,1236\,(5).$

20. $\overline{3},26394\,(86) = \log 0,001837\,(6)\,;$
$\overline{1},28298\,(5) = \log 0,1919\,(8)\,;$
$0,88606 = \log 7,692\,;\ \ 1,59007\,(15) = \log 38,91\,(2).$

21. $\overline{3},43200\,(86) = \log 0,002704\,;$
$\overline{3},63264\,(96) = \log 0,004292\,(5)\,;$
$\overline{5},86033\,(42) = \log 0,00007250\,(1)\,;$
$\overline{14},42926\,(38) = \log 0,00000000000002687\,(8).$

22. $\overline{1},35800 = \log 0,2281\,(0)\,;\ \overline{1},85204\,(6) = \log 0,7113\,;$
$\overline{1},54004\,(5) = \log 0,3468\,;\ \overline{1},67689 = \log 0,4752.$

23. $\overline{1},78252 + 1,64345 = 1,42597 = \log. 26,67\,;$
$\overline{1},78252 \times 3 = \overline{1},34756 = \log 0,2227\,(6)\,;$
$$\frac{\overline{1},78252}{2} = \overline{1},89126 = \log 0,7785\,;$$
$\overline{1},78252 - \overline{1},92082 = \overline{1},86170 = \log 0,7273.$

24. $\text{Log}\,(0,8 \times 8) = \overline{1},90309 + 0,90309 = 0,80618 = \log 6,4\,;$
$\text{Log}\,(12 \times 0,75) = 1,07918 + \overline{1},87506 = 0,95424 = \log 9\,;$

$$\text{Log } \sqrt{0,125} = \frac{\overline{1},09656\,(91)}{2} =$$

$$= \overline{1},54828\,(46) = \log 0,3534\,(6);$$

$$\text{Log } \sqrt[3]{0,16} = \frac{\overline{1},20412}{3} = \overline{1},73471 = \log 0,5429.$$

25. $x = \dfrac{2,70926\,(7)}{0,90309} = 3;\quad x = \dfrac{2,79587\,(8)}{0,69897} = 4;$

$x = \dfrac{3,00993\,(1030)}{0,30103} = 10;\quad x = \dfrac{2,86272\,(3)}{0,47712} = 6;$

$x = \dfrac{1,80618}{0,30103} = 6;\quad x = \dfrac{2,09656\,(91)}{0,69897} = 3;$

$x = \dfrac{3,81695\,(7)}{0,95424} = 4;\quad x = \dfrac{2,53526\,(9)}{0,84510} = 3.$

26. 1° $n = \dfrac{\log 3}{\log 1,05} = \dfrac{0,47712}{0,02119} = 22,5.$ (Les élèves trou-

veront à la page 289 du *Cours* le log. de 1,05.)

2° $n = \dfrac{\log 10}{\log 1,05} = \dfrac{1,00000}{0,02119} = 47,2$;

3° $n = \dfrac{\log 512}{\log 2} + 1 = \dfrac{2,70926\,(7)}{0,30103} + 1 = 10;$

4° $m = \dfrac{\log 4096}{\log 4} - 1 = \dfrac{3,61235\,(6)}{0,60206} - 1 = 5.$

27. L'équation devient $r^{n} = \dfrac{(r-1)\,S + a}{a}$ ou

$r^{n} = \dfrac{(r-1)\,S}{a} + 1,$ d'où en appliquant la formule

[m] du n° 395, on tire la réponse donnée dans le *Cours.*

28. $\dfrac{19,25527}{0,30103} = 64.$ (Le quotient véritable est de quelques

dixièmes au-dessous de 64, parce que la somme des termes de la progression est exprimée en nombre rond, ce qui amène un logarithme dividende un peu trop faible.)

APPENDICE

Division des polynômes.

1. Le quotient est l'autre facteur.

2. **3**. Le diviseur devient le quotient.

4. $2x^3 - 3x + 4$; $2x^2 - 3x + 1$; $4a^2b - a$.

5. $x + a$; $x^2 + ax + a^2$; $x^3 + ax^2 + a^2x + a^3$;
$x^4 + ax^3 + a^2x^2 + a^3x + a^4$; $a^2 + 3$.

6. $a + b + \dfrac{2b^2}{a+b}$; $a + b - \dfrac{b^2}{a-b}$.

7. $ax^2 - bx + 4c$; $a^2x^2 + ax^2 + 1$; $a^2b - a^2 + 1$.

Paris. — Imprimerie P.-A. BOURDIER et Cᵉ, 6, rue des Poitevins.

EXERCICES MÉTHODIQUES

DE

VERSION LATINE

CONTENANT

TROIS CENTS EXTRAITS DES AUTEURS LATINS

du siècle d'Auguste au Vᵉ siècle de l'ère chrétienne

PRÉCÉDÉS DE CONSEILS POUR LA TRADUCTION

A L'USAGE

DES ASPIRANTS AU BACCALAURÉAT

et aux écoles spéciales

PAR J. MONNIER

AGRÉGÉ DES CLASSES SUPÉRIEURES

Première Partie. — Textes.	Deuxième Partie. — Traductions.
Précédés de Conseils pratiques sur la Version.	Avec commentaires historiques, géographiques et littéraires.
Un volume in-12. Prix : **2 fr.**	Un volume in-12. Prix : **2 fr. 50.**

Voici en quels termes le *Journal officiel de l'Instruction publique* a rendu compte de cet ouvrage :

« Lorsque ces deux volumes nous sont arrivés, ils ont d'abord produit sur notre esprit une impression peu favorable. Le titre qu'ils portent inscrit sur leur couverture nous les dénonçait comme un nouveau recueil à joindre à tant d'autres qu'une spéculation, aussi regrettable pour ceux qui s'y livrent que pour ceux à qui elle s'adresse, offre en appât à la crédulité des paresseux assez simples pour croire, sur la parole d'une préface, que, sans avoir la peine d'apprendre, ils pourront arriver à tout savoir. Toutefois, comme d'après le précepte du bon La Fontaine, il ne faut pas juger des gens sur l'apparence, avant de ranger d'une manière définitive l'ouvrage qu'on nous soumettait dans la catégorie de ceux destinés à faire éclore des bacheliers anticipés, nous avons voulu remplir avec une complète impartialité les devoirs de la critique, et nous avons ouvert le livre pour pouvoir ensuite user à son égard de toute la sévérité de nos droits. Mais, en parcourant la préface, quelle n'a pas été notre surprise d'y trouver un langage bien différent de celui auquel nous nous étions préparé ! L'Auteur commence par repousser loin de lui la prétention de vouloir donner une méthode expéditive, des moyens artificiels pour obtenir ce grade que l'on salue de loin sur les bancs du collège comme le jour de l'affranchissement. Il laisse à d'autres plus habiles, — comme on voudra l'entendre, — le soin d'apprendre à travailler sans travail, et à faire en quelques mois l'ouvrage de plusieurs années.

« Nous trouvant en accord parfait avec l'Auteur dès les premiers mots de la préface, l'examen de son travail est devenu pour nous un véritable plaisir, d'autant plus que nous y avons rencontré tout à la fois le désir d'être utile aux élèves et de rendre plus facile la tâche des professeurs. M. Monnier prend tout d'abord le soin de ne laisser aucun doute sur le but de son livre et sur la classe de lecteurs à laquelle il s'adresse. Il a travaillé, dit-il, pour les jeunes gens qui ont suivi un cours régulier d'études, mais qui peuvent avoir besoin de se fortifier sur une partie essentielle des travaux classiques, ou qui veulent, dans l'année qui précède leurs examens et qu'occupent d'autres études spéciales et nombreuses, *s'entretenir* avec leurs auteurs, en s'appliquant à améliorer leur manière de traduire et à lui donner la facilité et la sûreté désirables. En un mot, ajoute-t-il, notre recueil est un simple manuel du rhétoricien ou du philosophe qui s'exerce particulièrement à la version latine par un travail personnel et réfléchi, en se servant de modèles et s'aidant d'applications qu'il cherche à reproduire lui-même.

« Dans le choix des textes, l'Auteur s'est efforcé de répondre à la triple exigence de l'enseignement actuel. Il a d'abord eu soin de réunir la plus grande partie des versions données dans les examens des Facultés ; c'était le bon moyen d'indiquer de quelle force et de quelle longueur sont les devoirs proposés aux candidats. De plus, pour les examens des Écoles spéciales, on choisit en général des versions dont le sujet se rattache plus particulièrement à la nature des connaissances demandées aux candidats : c'est pour ce motif que M. Monnier a emprunté plusieurs passages à César, Végèce, Frontin, Vitruve, Pomponius Méla. Tout le monde sait enfin que, d'après le nouveau plan d'études, la littérature chrétienne occupe désormais une place dans l'enseignement classique ; aussi, pour se soumettre aux recommandations du programme, l'Auteur a-t-il recueilli, dans les Pères de l'Église, les morceaux qui, par leur latinité ou par leur intérêt, lui étaient désignés d'une manière plus spéciale. Comme il est facile d'en juger déjà, cette réunion de textes présente un ensemble des plus satisfaisants, et fournit les matériaux nécessaires aux différents genres d'études auxquels on se livre dans les classes, et des modèles heureusement variés de littérature sacrée et profane.

« Ces versions, disposées de manière à graduer les difficultés, ont pour résultat d'amener l'élève, par des exercices proportionnés à ses progrès et à ses forces, à surmonter facilement les obstacles du sens et de la traduction, réunis à dessein dans les textes. Des notices littéraires sur les différents auteurs attirent aussi l'attention des élèves sur les qualités et les défauts du style et la valeur de ces écrivains, et les préparent utilement à des notions plus développées sur la littérature. Des notes historiques et géographiques viennent compléter ces notions accessoires que le professeur doit toujours chercher à faire sortir de son enseignement principal, et qui sont d'autant plus utiles qu'elles servent en même temps de délassement aux autres travaux de la classe.

« M. Monnier a cru devoir présenter aussi quelques conseils aux élèves sur la manière de traduire et de faire les versions. Rien de plus commun et de plus banal pour l'ordinaire que ces avis, espèce de préface obligée de tous les ouvrages du même genre ; mais l'Auteur, auquel la pratique et l'expérience des classes semblent avoir donné l'habitude et l'usage de tout ce qui convient aux élèves, est sorti des généralités pour entrer dans l'application des règles et des procédés qui peuvent être l'objet d'une définition, et qui rendent la traduction plus facile et plus élégante.

« Pour ajouter une plus grande autorité à ses paroles, M. Monnier n'a point voulu mettre en avant ses propres opinions ; il a fait parler Cicéron surtout, indiquant de quelle manière il s'est efforcé de traduire Démosthènes et Eschine, dans leurs fameux discours sur la couronne. On verra, dans les conseils de M. Monnier, à quelles exigences doit satisfaire toute traduction.

M. Monnier, prenant pour exemple le discours de Céréalis dans Tacite et la traduction donnée par Burnouf, montre aux élèves, phrase par phrase, ce qu'ils ont à faire pour conserver aux pensées, en les faisant passer d'une langue dans l'autre, le véritable caractère qu'a voulu leur donner l'écrivain. Les élèves peuvent juger ainsi, d'après le maître, de quelle manière ils devront tourner des phrases semblables et venir à bout des difficultés du sens et de la traduction.

« Il ne suffit pas de comprendre, il ne suffit pas de traduire, il faut encore donner au style la couleur et la nuance qui lui conviennent. C'est là qu'il importe de faire, suivant la nature du sujet, la distinction entre le style sublime, le style tempéré et le style simple. Chaque genre, en outre, se caractérise par des délicatesses qui distinguent l'écrivain parfait de celui qui en est encore à ses débuts, et comme exemple, car c'est là un des grands mérites de M. Monnier de donner toujours des exemples à l'appui de ses préceptes, il nous présente une page de La Vallière, corrigée par Bossuet. — Quelle élève ! quel maître et quelle leçon ! »

« Ainsi que nous l'avons dit en commençant, M. Monnier ne se propose nullement, comme dans beaucoup de méthodes aussi variées que prétentieuses, d'offrir une prime à la paresse et de hâter le moment de la liberté pour certains esprits négligents et incapables. De même que les fruits venus en serre chaude n'ont aucune espèce de saveur, de même les candidats qu'on élève par des procédés analogues se présentent avec une ignorance complète devant les juges qui les renvoient à une autre séance pour leur donner le temps de mûrir. Il faut donc du temps et du travail, selon M. Monnier, pour réussir ; il faut la fréquentation assidue des auteurs ; il faut beaucoup traduire pour bien traduire. En un mot, le maître, quelque habile qu'il soit, ne saurait supprimer le travail de ceux auxquels il enseigne et ne peut que les diriger, au lieu de faire manœuvrer la partie mécanique de l'élève, comme le prétendent certains manuels, il doit développer chez lui la partie intelligente. Cette pensée, qui a inspiré M. Monnier dans le choix des textes, dans leur disposition, dans les conseils dont il les fait précéder, nous semble devoir assurer le succès de son livre auprès des maîtres et des élèves, persuadé que c'est par une communauté d'efforts et de travail que l'enseignement est profitable et que l'on arrive à la science.

G. Guiffrey. »

Ce compte rendu si complet nous dispense d'en reproduire d'autres ; cependant nous citerons encore le jugement d'un des hommes les plus compétents en matière d'enseignement secondaire :

« .... M. Monnier n'a pas dispersé les versions au hasard, comme cela s'est fait dans presque tous les recueils que nous connaissons. Cette marqueterie a d'abord l'inconvénient grave qu'une version facile se rencontre, la plupart du temps, à côté d'une version fort difficile ; l'élève qui veut travailler par lui-même (et c'est la pensée essentielle de M. Monnier) n'a rien qui puisse le guider, qui puisse, comme il le faut toujours, le faire passer du facile au difficile. Un autre désavantage de ces versions éparses, c'est que bien souvent on ne rencontre pas deux extraits de suite d'un même auteur ; impossible, alors, d'en étudier quelque peu le génie et le style. La chose deviendra aisée, au contraire, et l'élève fera cette étude presque sans s'en apercevoir, si vous groupez pour lui une série de textes empruntés au même auteur.

« Voilà deux choses que M. Monnier a soigneusement faites. Il a réuni dans un même chapitre tous les emprunts qu'il a faits à chaque prosateur ou à chaque poëte. Il a ensuite disposé les textes selon les difficultés : le dernier numéro réunit toujours les plus nombreuses, soit pour le style à imiter, soit pour le sens à comprendre. Il offre ainsi au jeune étudiant un moyen sûr et facile de s'exercer proportionnelle- ment à ses forces et à ses progrès.

« Notons encore deux choses pour qu'on ait une idée complète du volume des textes.

« 1° Il a introduit dans les trois cents versions un assez grand nombre d'extraits des Pères latins ; cinquante pour les prosateurs, dix-sept pour les poëtes. Les jeunes étudiants auront ainsi le moyen de con- naître le mérite incontestable des Lactance, des Augustin, des Am- broise, et de se façonner aux idées et aux formes néologiques de cette littérature chrétienne, qui a ses difficultés pour l'humaniste même, quand il n'a été littérairement nourri que des idées païennes et du style de Tite-Live et de Cicéron, de Virgile et d'Horace.

« 2° M. Monnier a placé les extraits dans leur ordre chronologique. Le jeune étudiant pourra ainsi étudier par lui-même les débuts, le dé- veloppement, les progrès, la décadence enfin de la littérature latine ; M. Monnier a excepté de sa nomenclature Horace et Virgile. Il observe avec justesse qu'il y aurait eu là surabondance, puisque ces deux poëtes sont partout presque intégralement expliqués dans les classes. Enfin, et ceci a également son prix, pour aider le jeune écolier dans l'étude et l'appréciation de chaque auteur, M. Monnier a fait précéder chaque série d'extraits d'un examen rapide du mérite littéraire de l'auteur au- quel ils sont dus, et d'un jugement précis sur les ouvrages dont l'indi- cation suit le nom des écrivains cités.

« Voilà certainement plusieurs choses qui peuvent distinguer le re- cueil de M. Monnier des autres recueils de même genre, et qui lui don- nent déjà une physionomie particulière ; — mais là n'est point le prin- cipal mérite de son ouvrage.

« A la suite du *volume de Textes*, il offre au jeune étudiant un *vo- lume de Traductions*. L'un est l'indispensable complément de l'autre ; le premier donne à l'écolier le devoir à faire ; le second sera pour lui, s'il en fait usage sagement, le remplaçant du maître, le correcteur de son travail, le livre auquel il pourra demander incessamment si son intelligence l'a bien servi, si son œuvre personnelle est mauvaise, pas- sable ou bonne. L'interprétation du texte n'étant ni en regard, ni dans le même volume, il dépendra toujours de l'écolier studieux, de cet éco- lier de bonne volonté auquel s'adresse M. Monnier, de n'être pas même tenté de recourir au volume de traductions pour résoudre une difficulté, pour comprendre un passage obscur, pour trouver l'expression qui lui manque. Le sens de cette difficulté, l'explication de ce passage, ce mot qui le fuit, il les demandera à son dictionnaire, à sa mémoire, à son intelligence, à son travail *personnel* et *réfléchi* ; il n'ouvrira le volume français que lorsque son œuvre sera achevée, pour corriger s'il n'a pas été heureux, pour s'applaudir et s'encourager si le succès a couronné ses efforts.

« Ce que nous venons de dire, Cicéron et Pline le Jeune le recom- mandaient, il y a dix-huit et vingt siècles, aux humanistes de leur temps. M. Monnier n'a fait que réaliser leur pensée. Ses deux volumes sont donc une publication éminemment utile ; nous pouvons le répéter maintenant, preuves en main. »

NOUVEAU COURS

PRATIQUE

DE LANGUE ANGLAISE

A L'USAGE

DES LYCÉES IMPÉRIAUX, DES COLLÉGES,
DES ÉCOLES PROFESSIONNELLES
ET AUTRES MAISONS D'ÉDUCATION

PAR

CHARLES JABŒUF

AGRÉGÉ D'ANGLAIS,
CHARGÉ DE COURS D'UN LYCÉE IMPÉRIAL, ET AUTEUR DE PLUSIEURS
OPUSCULES ANGLAIS.

Un volume in-8, cart. . . .   2 fr.

Ce nouveau *Cours de langue anglaise* est le résultat du séjour de l'auteur dans le pays classique de la philologie, dans la savante Allemagne. Depuis longtemps il méditait pour ses élèves le livre essentiellement pratique que nous annonçons aujourd'hui, et S. E. le Ministre de l'instruction publique voulut bien lui accorder un congé illimité afin qu'il pût aller rechercher et étudier les meilleures méthodes pour l'enseignement des langues modernes.

La méthode concise mais claire, courte mais suffisante pour préparer

les élèves de tout âge à la lecture des auteurs anglais, au style épisto-
laire et à la conversation la plus usuelle, la méthode que nous offrons
au public est le fruit des persévérantes investigations de l'auteur et de
ses entretiens avec ses collègues d'Allemagne.

Les méthodes employées jusqu'ici n'ont pas atteint complétement
leur but. Une expérience de quinze ans dans l'enseignement des langues
vivantes l'a suffisamment démontré à l'auteur. Parmi les méthodes
ou grammaires les plus répandues, les unes ne sont pas assez pratiques,
(tel est, par exemple, le vieux système de grammaire suivi dans nos
établissements secondaires); les autres, beaucoup plus pratiques, comme
les méthodes Robertson et Ollendorff, sont trop volumineuses et effrayent
avec raison notre jeunesse française. Il existe un troisième système,
celui de Ahn, ou pour parler plus exactement, celui de Seidenstücker,
car celui-ci en est l'inventeur connu ; mais tout ce qui a été publié
jusqu'ici d'après cette méthode n'est nullement à la portée de nos jeunes
étudiants. Ces auteurs étrangers, accoutumés à la nature docile et
patiente de leurs compatriotes, ont composé des méthodes ou trop
longues (2 ou 3 parties en 2 ou 3 volumes), ou trop courtes et qui, ne
s'adressant qu'à la mémoire, n'intéressent nullement l'intelligence et la
laissent en quelque sorte inactive. De là, l'ennui, le dégoût qui accable
et professeurs et élèves; de là inattention, perte de temps, insuccès
complet. Une expérience de trois années d'enseignement d'après cette
dernière méthode n'a laissé à cet égard aucun doute à l'auteur.

Afin de donner une idée de la méthode qu'il a adoptée, qu'il s'est
assimilée après les avoir étudiées et comparées toutes, nous ne pouvons
mieux faire que de le laisser parler lui-même.

« 3° Enfin, » dit-il dans sa préface, « les méthodes qui tiennent le
milieu entre ces deux extrêmes, méthodes vraiment théoriques et vraiment pratiques; c'est le genre de la grammaire conversée : *Conversa-
tion-grammar, Conversation-grammatik*, et c'est celui que j'ai adopté.
Voici en peu de mots en quoi consiste cette méthode :

a) Classification ordinaire en 9 chapitres des 9 parties du discours ;

b) Chaque chapitre se divise en autant de leçons qu'il est néces-
saire ;

c) Un petit vocabulaire, avec prononciation et accents figurés, se
trouve en tête de chaque leçon ;

d) Versions et thèmes sous forme de conversation, roulant sur ce
vocabulaire, de manière que chaque exercice anglais serve de modèle
pour le thème français ;

e) Règles données à propos, au fur et à mesure que se déroule cette
conversation ;

f) Anecdotes, dialogues, poésies, insérées çà et là et à apprendre
par cœur.

« ... Apprenons donc d'abord des *mots*, puis exerçons-nous à former les *phrases*, et apprenons les règles au fur et à mesure que nous avançons ; voilà en trois mots ce que c'est, selon nous, qu'étudier une langue, et c'est le système de ce petit livre de 140 pages in-8.

« Je recommande entre autres choses :

« 1º *Le petit système de prononciation*, concis et fécond ;

« 2º *Le tableau synoptique des pronoms*, en 5 lignes ;

« 3º *Le tableau des conjugaisons*, en 5 lignes ;

« 4º *La récapitulation des verbes* **to be** *et* **to have**, suivie de *la construction des phrases* affirmatives, négatives et interrogatives ;

« 5º *La classification des verbes irréguliers*, la plus nouvelle et la plus en vogue en Angleterre, la seule vraiment simple et vraiment scientifique ;

« 6º *Les prépositions*, que régissent les verbes et les adjectifs ;

« 7º *Le dernier chapitre* (très-important) : Comment s'est formée la langue anglaise ?

« Avec les 4 ou 5000 mots contenus dans ce petit volume, et à l'aide de la clef qu'offre ce dernier chapitre pour former d'autres termes, l'étude de l'anglais semble se simplifier singulièrement.

« Parmi les 10 parties du discours, six sont complétement invariables : l'adjectif *, le participe, la préposition, la conjonction, l'adverbe et l'interjection.

« Pour les substantifs, *c*, *cs* (nombre), *ess*, *ine* (genre).

« Pour les verbes, il n'y a qu'une seule conjugaison ; pour ainsi dire pas de subjonctif ; pas d'imparfait ni de passé antérieur ; en tout 4 flexions, *ed* (ou changement de la voyelle radicale dans les verbes irréguliers) ; *ing* (participe présent) *est* ou *st* ou *t* (2º personne singulier indicatif présent), et, enfin, *s* ou *es* (3º personne indicatif).

« ..... Quant à la syntaxe, vous avez, comme en français, sujet, verbe et régime. Les autres petites différences qui existent entre les deux langues, c'est la pratique, non la grammaire, qui les enseigne.

« ..... En fait de grammaire, vous trouverez dans ce petit livre tout ce qu'il est essentiel de savoir : les tournures anglaises, les principaux idiotismes, qui font comprendre, sous peu de règles et beaucoup d'exercices, tout le génie de la langue..... Pendant ce cours, parlez et écrivez ; après ce cours, parlez et écrivez encore ; *à force de forger, on devient forgeron*, c'est le cas de le dire surtout quand il s'agit d'apprendre une langue vivante. »

---

* Exc. (*cr*, *est*, pour la comparaison).

Paris. — Imprimerie de P.-A. BOURDIER et Cⁱᵉ, 6, rue des Poitevins.